D1703672

Einführung in die Stichprobenverfahren

Lehr- und Übungsbuch der angewandten Statistik

Von

Dr. Lothar Kreienbrock

Bergische Universität Gesamthochschule Wuppertal

Mit Übungsaufgaben und Prüfungsfragen

R. Oldenbourg Verlag München Wien

CIP-Titelaufnahme der Deutschen Bibliothek

Kreienbrock, Lothar:
Einführung in die Stichprobenverfahren : Lehr- und
Übungsbuch der angewandten Statistik ; mit Übungsaufgaben
und Prüfungsfragen / von Lothar Kreienbrock. – München ;
Wien : Oldenbourg, 1989
    ISBN 3-486-21374-1

NE: HST

© 1989 R. Oldenbourg Verlag GmbH, München

Gesamtherstellung: Rieder, Schrobenhausen

ISBN 3-486-21374-1

Kapitelverzeichnis

Inhaltsverzeichnis

Vorwort

"Our knowledge, our attitudes, and our actions are based to a very large extent on samples" (aus COCHRAN(1977), S. 1).

In allen Bereichen des Lebens ist der Mensch in seinem Wissen, seinen Einstellungen und seinen Handlungen auf Informationen angewiesen, die in einem großen Umfang auf Stichproben basieren. So wird ein Forscher die Grundlagen eines naturwissenschaftlichen Zusammenhangs mittels weniger Experimente gewinnen, ein Arzt wird die Diagnose über einen Patienten nach einigen Untersuchungen feststellen, die Qualität unseres Trinkwassers wird nur an Proben überprüft oder im täglichen Leben wird ein anderer Mensch aufgrund weniger Eindrücke charakterisiert. Dabei liegen in der Regel also nur Teilinformationen vor, und der wirkliche Tatbestand ist im wesentlichen nicht bekannt.

Dieses Buch gibt eine Einführung in die Theorie und Technik der Stichprobenverfahren und behandelt insbesondere die Frage, in welcher Form es möglich und erlaubt ist, von vorliegenden Teilinformationen auf die wahren Gegebenheiten zu schließen, und die Stichprobe somit repräsentativ ist. Es basiert auf Grundvorlesungen und zugehörigen Übungen, die in den vergangenen Jahren für Studierende an der Universität Dortmund gehalten wurden.

Als einführendes Lehr- und Übungsbuch ist diese Ausarbeitung für Studierende und Praktiker quasi aller Forschungsrichtungen geeignet und kann sowohl vorlesungsbegleitend als auch zum Selbststudium benutzt werden.

Dazu wird auf der einen Seite Wert auf eine möglichst breite Darstellung potentieller Anwendungsgebiete gelegt und eine Vielzahl von Beispielen und Übungsaufgaben zur Motivation und Vertiefung des Stoffes angegeben. Auf der anderen Seite werden aber auch die grundlegenden formalen Aspekte von Stichprobenverfahren vorgestellt und zentrale Aussagen bewiesen,

XII   *Vorwort*

so daß man nicht nur eine Vorstellung darüber gewinnt wie ein Verfahren
sich auswirkt, sondern auch eine Begründung hierfür erhält. Damit ist
man nach Durcharbeitung der folgenden Seiten in der Lage, die Grundzüge
repräsentativer Untersuchungen zu beurteilen.

Bei der Ausarbeitung wurde darauf geachtet, daß die erforderlichen Vor-
kenntnisse so gering wie möglich sind. Somit kann man auch ohne mathematische und statistische Spezialkenntnisse den dargebotenen Stoff erarbeiten.

Da dieses Buch am Ende einer langjährigen Entwicklung als Absolvent und
Mitarbeiter des Diplom-Studienganges Statistik steht, bin ich allen ehe-
maligen Dozenten und Kommilitonen und den jetzigen Kollegen und Hörern
zu Dank verpflichtet, denn viele haben, wenn auch nur mittelbar, zum
Entstehen dieses Buches beigetragen.

Mein namentlicher Dank gilt den Herren cand. stat. Rainer Becker und
cand. stat. Hermann Pohlabeln, die bei der gesamten Herstellung dieses
Buches und seiner Vorläufer mitgewirkt haben, das Typoscript erstellten
und die Mühen des Nachrechnens von Aufgaben und Beispielen und des Korrekturlesens über sich ergehen ließen. Herrn cand. stat. Christoph Lo-
renz sei gedankt für die Anfertigung der in den Text aufgenommenen Gra-
phiken.

Frau Dr. Barbara Heine danke ich für die ständige Bereitschaft, mich in
wertvollen Diskussionen zu prüfen und zu verbessern, sowie für die Arbeit des Korrekturlesens.

Besonderer Dank gilt Herrn Prof. Dr. Joachim Hartung und Herrn Prof. Dr.
Siegfried Schach, die meine "Stichproben" stets wohlwollend begleitet
und gefördert haben.

Nicht zuletzt gilt mein Dank dem R. Oldenbourg-Verlag und insbesondere
dem Lektoratsleiter Herrn Martin Weigert für das freundliche Entgegen-
kommen und die größtmögliche Freiheit bei der Gestaltung des Buches.

Lothar Kreienbrock

Kapitel 1
Einführung und Überblick

Statistische Verfahren und Schlußweisen werden überall dort eingesetzt, wo Daten vorliegen und ausgewertet werden müssen. Dies ist mittlerweile in fast allen Bereichen des modernen Lebens der Fall und eine vollständige Aufzählung der potentiellen Anwendungsgebiete der Statistik ist nahezu unmöglich.

Daß Statistik allerdings mehr als nur eine Auswertung von Daten darstellt, wird in vielen Bereichen der statistischen Arbeit nur unzureichend berücksichtigt. Die Frage nach dem "Wie" einer Auswertung von Daten stellt sich in der Regel nämlich nicht erst bei Vorliegen dieses Zahlenmaterials, sondern ist Bestandteil eines Gesamtkonzeptes zur Erforschung eines Untersuchungszieles, das den Einsatz statistischer Methoden hierin fortwährend notwendig macht.

Im Wesentlichen läßt sich der Verlauf einer statistischen Untersuchung in drei Phasen aufteilen, die sich alle auf eine zentrale Problemstellung beziehen. Diese Phasen der Vorbereitung, der Planung und letztlich der Durchführung und Auswertung besitzen einerseits zwar eine Durchführungsreihenfolge, andererseits bestehen zwischen ihnen vielfältige Wechselbeziehungen, so daß während einer statistischen Untersuchung ständig eine Rückkopplung zu vorhergehenden sowie folgenden Phasen notwendig ist.

In diesem Sinn kann das in Abb. 1.1 skizzierte Schema zum Verlauf einer statistischen Untersuchung nur als grober Ablaufplan zur Lösung von Problemen mit Hilfe statistischer Methoden verstanden werden.

Dieses Buch beinhaltet nun den Teil einer statistischen Untersuchung, der sich mit dem Prozeß der Datengewinnung und der darauf bezogenen Auswertung beschäftigt.

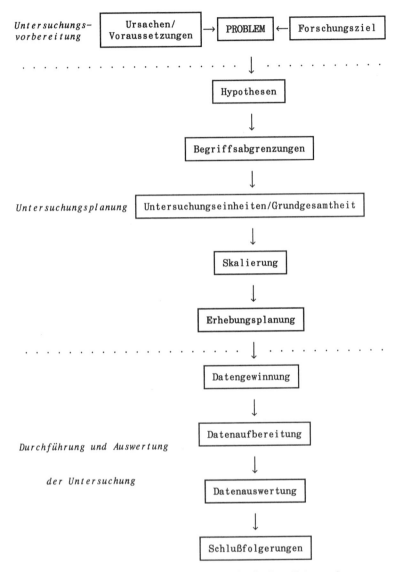

Abb. 1.1: Schema zum Verlauf einer statistischen Untersuchung

Hierbei wird im folgenden von der Vorstellung ausgegangen, daß basierend auf einem Forschungsziel eine Menge von Untersuchungseinheiten vorliege, an denen gewisse Messungen, Beobachtungen oder Befragungen durchgeführt, d.h. an denen bestimmte Merkmale erfaßt werden sollen. Die aus solchen Daten erhaltenen Ergebnisse sollen dann eine Schlußfolgerung über das zu analysierende Sachproblem ermöglichen.

Formal führt diese Vorstellung zu der folgenden

Definition 1.1: Eine Menge potentieller Untersuchungseinheiten $\left\{U_1,\ldots,U_N\right\}$ heißt Grundgesamtheit. Die Zahl N aller Untersuchungseinheiten bezeichnet den Umfang der Grundgesamtheit.

Mit dieser Definition ist die endliche Menge von Objekten charakterisiert, die im Rahmen der durchzuführenden Untersuchung von Interesse ist und über die in Form spezieller Merkmale Schlußfolgerungen gezogen werden sollen. In diesem Sinne muß also in einem nächsten Schritt festgelegt werden, welche Merkmale für das zu behandelnde Problem wichtig sind.

Im folgenden soll dieser Vorgang charakterisiert werden durch die

Zuordnung 1.2: Jedem Element U_i der Grundgesamtheit sei eindeutig ein (vor der Untersuchung unbekannter) Merkmalswert Y_i zugeordnet, $i = 1,\ldots,N$.

Die Meßgröße Y_i ist die konkrete Ausprägung des interessierenden Merkmals der Untersuchungseinheit U_i, $i = 1,\ldots,N$. Die Zuordnung 1.2 bedeutet damit, daß eine Meßgröße ausgezeichnet wurde, die der zugrunde gelegten Problematik entspricht, aber vor Beginn der Untersuchung unbekannt ist. Deshalb kann auch die Menge $\left\{Y_1,\ldots,Y_N\right\}$ als Grundgesamtheit aufgefaßt werden.

Ziel einer (statistischen) Untersuchung ist es nun, Aussagen über diese unbekannten Merkmalswerte zu machen. Dabei ist es nicht interessant, welchen Merkmalswert Y_i eine spezielle Untersuchungseinheit U_i annimmt, vielmehr interessiert man sich für spezielle, die Grundgesamtheit im Ganzen charakterisierende Größen, d.h. für spezielle Parameter wie z.B.

$$\bar{Y}. := \frac{1}{N} \sum_{i=1}^{N} Y_i \quad , \text{ den Mittelwert der Merkmalswerte bzw.}$$

$$Y. := \sum_{i=1}^{N} Y_i \quad , \text{ die Summe der Merkmalswerte.}$$

Um diese formale Darstellung etwas näher zu erläutern, sollen nun einige illustrierende Beispiele zu dieser Vorgehensweise angegeben werden.

Beispiel A: *Prognose von Wahlergebnissen*

Bei der Prognose von Wahlergebnissen interessiert man sich für den Stimmenanteil, den eine bestimmte Partei bei einer Wahl erhält (die Gründe dieses Interesses sollen an dieser Stelle keine Beachtung finden).

In diesem Fall kann somit als Grundgesamtheit die Menge der wahlberechtigten Bürger eines Landes oder einer Stadt angesehen werden, d.h.

$$\left\{ U_i, \ U_i \ \text{ist wahlberechtigt}, \ i = 1, \ldots, N \right\} \ .$$

Definiert man als Merkmalswerte

$$Y_i := \begin{cases} 1, & \text{falls } U_i \text{ die Partei wählt} \\ 0 & \text{sonst} \end{cases} \quad , \ i = 1, \ldots, N,$$

dann erhält man die für den Wahlausgang interessierenden, vor der Wahl unbekannten Parameter durch

$$Y. = \sum_{i=1}^{N} Y_i \ , \ \text{die Anzahl der Stimmen für die bestimmte Partei, bzw.}$$

$$\bar{Y}. = \frac{1}{N} \sum_{i=1}^{N} Y_i = \frac{Y.}{N} \ , \ \text{den zugehörigen Stimmenanteil} \ .$$

Eine solche Situation gibt Anlaß zu folgender

Definition 1.3: Besteht das Ziel einer statistischen Untersuchung darin, eine Aussage über den Anteil der Untersuchungseinheiten zu machen, die eine bestimmte Eigenschaft besitzen, und sind die Merkmalswerte Y_i, $i = 1, \ldots, N$, somit qualitativ, so spricht man vom homograden Fall.

Beispiel B: *Qualitätskontrolle eines Produktionsprozesses*

Zur Qualitätskontrolle eines Produktionsprozesses soll eine Aussage über die Lebensdauer eines produzierten Bauteils (z.B. eines Transistors) gemacht werden. Als zu betrachtende <u>Grundgesamtheit</u> ergibt sich dann

$$\left\{ \text{produzierte Transistoren des Betriebes} \right\} .$$

Als <u>Merkmalswert</u> des i-ten Transistors U_i ordnet man zu

$$Y_i = \text{Lebensdauer (in Stunden) des Transistors } U_i, \ i = 1,\ldots,N.$$

Auch hier ist es nicht von Interesse, wie hoch die Lebensdauer eines speziellen Transistors ist, so daß man als <u>Zielgröße</u> der Untersuchung den <u>Parameter</u>

$$\bar{Y}. = \frac{1}{N} \sum_{i=1}^{N} Y_i \ ,$$

d.h. die durchschnittliche Lebensdauer aller vom Betrieb hergestellter Transistoren erhält.

Definition 1.4: Besteht das Ziel einer statistischen Untersuchung darin, eine Aussage über den Mittelwert der Ausprägungen eines Untersuchungsmerkmals zu machen, und sind die Merkmalswerte Y_i, $i = 1,\ldots,N$, quantitativ, so spricht man vom <u>heterograden Fall</u>.

Beispiel C: *Media-Analyse*

Zum effizienten Einsatz von Werbemitteln sollen die Lese-, Seh- und Hörgewohnheiten vorgegebener Medien wie Zeitschriften, Fernseh- und Rundfunksendungen der Bevölkerung ermittelt werden. Aus Gründen der Erreichbarkeit bzw. um Verständigungsschwierigkeiten aus dem Wege zu gehen, wird als <u>Grundgesamtheit</u> die Menge

$$\left\{ \text{Wohnbevölkerung ab einem Alter von 14 Jahren} \right\}$$

festgelegt. Um die Wahrscheinlichkeit zu ermitteln, mit der ein Medium frequentiert wird, kann als <u>Merkmalswert</u> der Person U_i

Y_i = Nutzungshäufigkeit eines interessierenden Mediums der Person U_i

festgelegt werden, i = 1,...,N. Damit erhält man als einen interessierenden <u>Parameter</u> die durchschnittliche Zahl von Nutzungen eines Mediums durch

$$\bar{Y}. = \frac{1}{N} \sum_{i=1}^{N} Y_i \quad .$$

Beispiel D: *Lagerinventur*

Nach dem Handelsgesetz ist jeder Vollkaufmann oder an seiner Stelle stehende Gruppen oder Institutionen verpflichtet, jedes Jahr an einem festgelegten Tag eine vollständige Bestimmung seiner Vermögensbestände durchzuführen. Dazu gehört auch eine Inventur der Lagerbestände und eine damit verbundene Ermittlung des Gesamtlagerwertes.

Durch eine Novellierung des Handelsgesetzes ist eine solche Inventur auch basierend auf statistischen Methoden möglich. Als <u>Grundgesamtheit</u> ist dann anzusehen

$$\left\{ \text{Artikelpositionen } U_i \text{ des Lagers, } i = 1,...,N \right\} \quad ,$$

und als <u>Merkmalswert</u> eines Artikels U_i ergibt sich

Y_i = Wert (=Stückpreis x Menge) des Artikels U_i, i = 1,...,N,

so daß man hiermit den interessierenden <u>Parameter</u> des Gesamtlagerwertes erhält durch

$$Y. = \sum_{i=1}^{N} Y_i \quad .$$

Beispiel E: *Arbeitsschutz*

Um eine als besonders gefährlich angesehene Tätigkeit in einer bestimmten Industriebranche mit höchsten Sicherheitsstandards zu versehen, wird
die <u>Grundgesamtheit</u>

$$\left\{ \text{Arbeitsplätze } (\hat{=} \text{ Arbeiter}) \; U_i \text{ in der Industriebranche, } i = 1,\ldots,N \right\}$$

betrachtet. Je nach Tätigkeit sind dann <u>Mermalswerte</u> von Interesse wie

$$Y_i = \left\{ \begin{array}{l} \text{Blutdruck des Arbeiters während der Tätigkeit} \\ \text{Pulsfrequenz des Arbeiters während der Tätigkeit} \\ \text{Temperatur am Arbeitsplatz} \\ \text{Geräuschpegel am Arbeitsplatz} \\ \vdots \end{array} \right. ,$$

so daß hiermit die interessierenden <u>Parameter</u> definiert werden können

$$\bar{Y}. = \frac{1}{N} \sum_{i=1}^{N} Y_i = \left\{ \begin{array}{l} \text{der durchschnittliche Blutdruck aller Arbeiter} \\ \text{die durchschnittliche Pulsfrequenz aller Arbeiter} \\ \text{die Durchschnittstemperatur am Arbeitsplatz} \\ \text{der durchschnittliche Geräuschpegel am Arbeitsplatz} \\ \vdots \end{array} \right. .$$

Beispiel F: *Waldschadenserfassung*

Im Zuge des Umweltschutzes wird unter anderem eine Erfassung von Waldschäden durchgeführt, die dazu beitragen soll, Arten und Auswirkungen
von Umweltschäden zu beurteilen und die daraus resultierenden Konsequenzen zu ziehen. Als <u>Grundgesamtheit</u> einer solchen Schadenserfassung kann
dann die Menge

$$\left\{ \text{Bäume einer bestimmten Region, z.B. in Nordrhein-Westfalen} \right\}$$

angesehen werden. Interessierende <u>Merkmalswerte</u> an diesen Bäumen können
dann beispielsweise sein

$$Y_i = \left\{ \begin{array}{l} \text{Pilzbefall} \\ \text{Nadeljahrgänge} \\ \text{Schwermetallbelastungen} \\ \vdots \end{array} \right. ,$$

so daß man die zur Beurteilung von Waldschäden sinnvollen Parameter erhält wie

$$\bar{Y}. = \frac{1}{N} \sum_{i=1}^{N} Y_i = \begin{cases} \text{der Anteil der Bäume mit Pilzbefall} \\ \text{der durchschnittliche Nadeljahrgang der Bäume} \\ \text{die durchschnittliche Schwermetallbelastung} \\ \vdots \end{cases}$$

Beispiel G: *Luftreinhalteplan / epidemiologische Studien*

Um eine Ursache-Wirkungs-Beziehung zwischen der Luftverschmutzung und dem Gesundheitszustand der Bevölkerung zu ermitteln, werden in ausgezeichneten Belastungsgebieten der Bundesrepublik Deutschland sogenannte epidemiologische Studien durchgeführt. Da die Bevölkerung bezogen auf interessierende Gesundheitsbeeinträchtigungen insbesondere im Atemwegsbereich relativ heterogen ist, werden dazu spezielle Zielgrundgesamtheiten definiert, z.B.

$$\left\{ \text{im östlichen Ruhrgebiet lebende 6-8-jährige Kinder } U_i, \ i = 1,\ldots,N \right\}.$$

Aufgrund der zu behandelnden Aufgabenstellung ergeben sich die für die Betrachtung von Atemwegserkrankungen wesentlichen Untersuchungsmerkmale

$$Y_i = \begin{cases} \text{Staubbelastung am Wohnort des Kindes } U_i \\ SO_2\text{-Belastung am Wohnort des Kindes } U_i \\ \text{Bronchialerkrankung des Kindes } U_i \\ \vdots \end{cases} , \ i = 1,\ldots,N \ ,$$

aus denen dann die interessierenden (Durchschnitts-) Parameter konstruiert werden können.

Diesen Beispielen ist gemeinsam, daß es in der Regel nicht sinnvoll oder sogar unmöglich ist, alle Elemente U_i der Grundgesamtheit zu befragen, zu messen oder zu beobachten, d.h. eine Vollerhebung durchzuführen.

Aus diesem Grund werden aus der interessierenden Grundgesamtheit sogenannte Stichproben gezogen.

Definition 1.5: Eine n-elementige Teilmenge $\{y_1, \ldots, y_n\}$ aus der Grundgesamtheit $\{Y_1, \ldots, Y_N\}$ heißt **Stichprobe vom Umfang n**.

Eine Stichprobe von Merkmalswerten, d.h. eine Teilmenge der Merkmalswerte der Grundgesamtheit, entspricht einer Auswahl dieser Größen und kann deshalb nur eine eingeschränkte Aussage über den interessierenden Parameter der Grundgesamtheit erlauben.

Damit die aus einer Stichprobe erzielten Aussagen aber "vernünftige Näherungen" für die Parameter der Grundgesamtheit sind, darf diese nicht beliebig gebildet werden. Deshalb fordert man

Definition 1.6: Eine Stichprobe heißt **repräsentativ**, wenn aus ihr der Schluß auf die zugrunde gelegte Grundgesamtheit erlaubt ist.

"Das Wort Stichprobe selbst kommt aus der Eisenhüttenkunde. In einem schon 1801 erschienenen Wörterbuch wird die Stichprobe als <<die Probe, welche aus dem Stichherde von dem durch den Stich abgelassenen Werke genommen wird>> bezeichnet. In einem Wörterbuch unserer Tage heißt es in ähnlichem Sinne: <<Ehe man aber die gesamte Masse ausfließen ließ, machte man eine Probe, indem man ... eine kleine Probe des flüssigen Metalls entnahm, und an diesem den Gehalt prüfte>>. Allerdings wird an der gleichen Stelle auch noch eine andere Quelle des Wortes angedeutet : <<Ist Stichprobe auch in diesem Sinn schon früh bezeugt, so ist es doch auch möglich, an den Anstich von Weinfässern mit dem Stechheber zu denken.>>" (aus STOLP(1961), S.184).

Heutzutage wird der Stichprobenbegriff durch Definition 1.5 wesentlich weiter gefaßt, denn die Entnahme einer Stichprobe ist mit einer großen Anzahl von Vorteilen verknüpft. Beispiele für solche Vorteile sind in Bezug zur Durchführung einer Vollerhebung aller Untersuchungseinheiten der Grundgesamtheit:

■ Die interessierende Untersuchung führt zur Zerstörung (vgl. hierzu insbesondere das Beispiel B zur Qualitätskontrolle, denn nach der durchgeführten Prüfung eines Transistors ist dieser nicht mehr verwendbar).

■ Die Grundgesamtheit kann nicht ganz erfaßt werden (vgl. hierzu insbesondere das Beispiel F, bei dem eine Erhebung des gesamten Waldbestan-
des gar nicht möglich wäre).

■ Eine Stichprobenerhebung ist wesentlich kostengünstiger (vgl. hierzu
insbesondere das Beispiel D, denn eine vollständige Lagerinventur ver-
ursacht beispielsweise Stillegungskosten etc.).

■ Eine Stichprobenerhebung kann in wesentlich kürzerer Zeit durchgeführt
werden (vgl. hierzu insbesondere das Beispiel A, und die Vielzahl von
Meinungsumfragen beispielsweise vor wichtigen Wahlereignissen).

■ Eine Stichprobenerhebung hat eine größere Anwendungsbreite (vgl. hierzu insbesondere das Beispiel C der Media-Analyse, bei dem eine Vielzahl unterschiedlicher Medien gleichzeitig abgefragt werden kann).

■ Eine Stichprobenerhebung liefert in der Regel Ergebnisse größerer Genauigkeit (vgl. hierzu insbesondere das Beispiel E, denn eine detail-
lierte Untersuchung an wenigen Arbeitern verspricht einen höheren Er-
kenntnisgewinn als eine vollständige Untersuchung aller Arbeiter der
bestimmten Branche).

Diese genannten Vorteile führen direkt zu den zentralen Fragen im Zusammenhang mit Stichprobenverfahren, deren Beantwortung das Ziel des hier
vorliegenden Buches sein soll

Wie realisiert man eine repräsentative Stichprobe ?

bzw.

Wie erhält man repräsentative Stichprobenergebnisse ?

Dem Titel des Buches folgend werden dabei allerdings nur einführende
Fragen beantwortet bzw. elementare Antworten gegeben. Die folgenden
Ausführungen bilden aber dennoch ein Gerüst zur Planung und Auswertung
von statistischen Untersuchungen bzw. zur Bewertung und Interpretation
vorliegender Ergebnisse "repräsentativer" Erhebungen, so daß man nach
der Lektüre der folgenden Seiten die Grundzüge "repräsentativer Untersuchungen" beurteilen kann.

Zum Abschluß dieses Kapitels sei nun noch ein Überblick über die folgenden Ausführungen gegeben.

Da die Beschäftigung mit Stichprobenverfahren eine Reihe von Basiskenntnissen der Wahrscheinlichkeitsrechnung und der Statistik erfordert, werden dazu in nachfolgendem Kapitel 2 die benötigten Grundbegriffe, ohne diese zu beweisen, zusammengestellt. Hierbei handelt es sich im wesentlichen um Teile des Basiswissens statistischer Methodik, wie es etwa in den Vorlesungen für Wirtschafts- und Sozialwissenschaftler an bundesdeutschen Hochschulen vermittelt wird oder in einführenden Lehrbüchern zu finden ist (vgl. z.B. ELPELT / HARTUNG(1987)).

Erwähnt werden soll allerdings schon an dieser Stelle, daß die Darstellung in der speziellen Notationsweise der Stichprobentheorie erfolgt.

Das Kapitel 3 beinhaltet das zentrale Verfahren der Stichprobentheorie, die einfache Zufallsauswahl. Ausgehend von einer formalen Definition dieser Auswahlmethode werden spezielle Techniken zur deren Realisierung, Parameterschätzungen, Verteilungsaussagen, Konfidenzintervalle und die Berechnung notwendiger Stichprobenumfänge ausführlich behandelt und an Beispielen erörtert.

Als erste wichtige Erweiterung einer einfachen Auswahl wird in Kapitel 4 die geschichtete Zufallsauswahl betrachtet. Neben der Angabe von Schätzern für interessierende Parameter der Grundgesamtheit wird insbesondere auf die theoretischen und praktischen Gründe, die für dieses Stichprobenverfahren sprechen, eingegangen und das Problem der Aufteilung des gegebenen Stichprobenumfangs auf die Schichten behandelt.

In Kapitel 5 werden die Grundprinzipien der zweiten zentralen Erweiterung des einfachen Auswahlprinzips in Form der mehrstufigen Zufallsauswahl eingeführt. Auch hier werden sowohl Schätzprinzipien behandelt, als auch wird auf Fragen der praktischen Realisierbarkeit eingegangen.

Neben den zufälligen Auswahlverfahren finden die sogenannten Beurteilungsstichproben als nicht-zufällige Methoden eine breite Anwendung bei in praxi durchgeführten Erhebungen. Die in Kapitel 6 betrachteten Verfahren der typischen Auswahl, der Auswahl nach dem Konzentrationsprinzip sowie der Quotenauswahl werden in ihrer Technik und Wirkungsweise beschrieben. Ein Vergleich mit den zufälligen Methoden der vorhergehenden Kapitel schließt sich an.

Nach der Beschreibung dieser am häufigsten in der Praxis vorkommenden Erhebungsmethoden wird in <u>Kapitel 7</u> ein Überblick über eine Reihe technischer Probleme gegeben, die während der konkreten Realisierung von Stichprobenverfahren auftreten können.

Das <u>Kapitel 8</u> gibt zum Abschluß einen Ausblick auf speziellere Methoden der Stichprobentheorie, die nicht im Rahmen dieser Einführung beschrieben werden.

Abschließend seien an dieser Stelle nun noch einige <u>Empfehlungen</u> zum Erarbeiten des dargebotenen <u>Stoffes</u> und zur angegebenen <u>Literatur</u> gegeben.

Mit Hilfe dieser Ausarbeitung ist es im wesentlichen möglich, den Stoff ohne Hinzunahme weiterer Literatur zu erarbeiten. Zur Überprüfung, ob das Gelernte auch verstanden wurde, dienen zusätzlich zu den einigen Kapiteln nachgestellten Übungsaufgaben die Fragen in <u>Kapitel 9</u>, die einen typischen Querschnitt einer Prüfung zum dargebotenen Stoff darstellen. Die Lösungen in <u>Kapitel 10</u> können dann zur Kontrolle des Erlernten benutzt werden.

Das (sehr umfangreiche) Literaturverzeichnis dient neben dem Verweis auf hier verwendete Literatur im wesentlichen dem Zweck, an den Stellen, die dem Leser interessant erscheinen, das hier vermittelte zu vertiefen.

Hierzu sei insbesondere auf die "Klassiker" COCHRAN(1977), HANSEN/HURWITZ/MADOW(1953) und RAJ(1968) hingewiesen. Auf die für die Bundesrepublik Deutschland typischen Erhebungssituationen gehen vor allem die Veröffentlichung des STATISTISCHEN BUNDESAMTES(1960) sowie SCHÄFER(1979) ein.

Kapitel 2
Grundbegriffe der Wahrscheinlichkeitsrechnung und induktiven Statistik

Die in Kapitel 1 behandelten Beispiele haben deutlich gemacht, daß ein Ziel der statistischen Schlußweise darin besteht, aus einer Teilmenge der interessierenden Gesamtheit einen Rückschluß auf die gesamte Menge potentieller Untersuchungseinheiten zu ziehen. Da man aber nun aus vielerlei Gründen nicht alle Einheiten untersuchen kann, werden die ermittelten Ergebnisse nicht exakt mit den wahren Werten der Gesamtheit übereinstimmen, d.h. es tritt eine Abweichung der Ergebnisse der Stichprobe zu den wahren Werten der Gesamtheit auf.

Immer dann, wenn diese Abweichungen klein sind, wird man von repräsentativen Stichproben bzw. repräsentativen Ergebnissen sprechen, so daß es ein Ziel sein sollte, daß diese Differenzen möglichst minimal sind.

Da aber die Merkmalswerte der Grundgesamtheit unbekannt sind, werden auch die auftretenden Abweichungen im allgemeinen unbekannt sein, und so entsteht das grundlegende Problem, wie die Repräsentativität beurteilt werden kann.

Die statistische Schlußweise behandelt diese Problematik mit Hilfe des Begriffes der Wahrscheinlichkeit, mit dem jedes Stichprobenergebnis in Beziehung zu der entsprechenden Grundgesamtheit gesetzt wird. Dann sollen gemäß der Repräsentanzforderung Stichprobenergebnisse mit großen Abweichungen "unwahrscheinlich" sein, während kleine Abweichungen "wahrscheinlicher" sind.

Die Grundbegriffe einer solchen Wahrscheinlichkeitsrechnung stehen am Anfang jeder statistischen Analyse, so daß im folgenden die Grundlagen zusammengestellt werden sollen, die für das weitere Verständnis bei der Konstruktion repräsentativer Stichproben nützlich sind.

Der dargebotene Stoff, der eine straffe Darstellung von Notationen und

Grundlagen beinhaltet, orientiert sich an Einführungen in die statistische Methodenlehre, wie sie beispielweise im Rahmen von wirtschaftswis-
senschaftlichen oder ingenieurwissenschaftlichen Studiengängen vermittelt werden. Vertiefungen und zusätzliche Methoden findet der interessierte Leser in einer Reihe von einführenden Lehrbüchern (vgl. z.B.
ELPELT / HARTUNG(1987)).

2.1 WAHRSCHEINLICHKEIT UND ZUFALLSVARIABLEN

Die Grundlage der Wahrscheinlichkeitsrechnung stellt eine Menge Ω als
"Ergebnismenge eines Zufallsexperimentes" dar. Beispiele für solche Er-
gebnismengen sind etwa

- $\Omega = \{1,\ldots,6\}$, wenn vom Wurf eines Würfels ausgegangen wird,
- $\Omega = [0,\infty)$, wenn die Lebensdauer von Glühbirnen betrachtet wird,
- $\Omega = \{pro,contra\} =: \{0,1\}$, wenn man die Wahlentscheidung von Bür-
  gern betrachtet oder
- $\Omega = \{krank,gesund\} =: \{0,1\}$, wenn man etwa einen Gesundheitszustand charakterisieren möchte.

Der Begriff "Zufallsexperiment" wird, wie die Beispiele zeigen, sehr
weit aufgefaßt. Entscheidend ist hierbei die Vorstellung, daß man zunächst nichts über den konkreten Wert eines betrachteten Merkmals weiß.
Welche spezielle Zahl der Würfelwurf erbringt, wie groß die Lebensdauer
einer Glühbirne sein wird, welche Wahl ein spezieller Bürger treffen
wird oder ob eine Person krank wird oder nicht, entzieht sich zunächst
unserer Kenntnis, und so spricht man von einem "zufälligen Ergebnis". In
diesem Sinn wird also immer dann von Zufall gesprochen, wenn im konkreten Einzelfall ein Ereignis nicht bekannt ist bzw. vorhergesagt werden
kann.

Definition 2.1: Die Menge Ω heißt Grundraum; $\omega \in \Omega$ heißt
Elementarereignis.

Die Zusammenfassung von Elementarereignissen führt zu Ereignissen, die
Teilmengen von Ω darstellen. Alle "sinnvollen" Ereignisse $A \subseteq \Omega$ sollen

in einer Menge von Ereignissen $\mathfrak{A}$ zusammengefaßt werden, d.h.
$\mathfrak{A} := \{ A : A \subseteq \Omega \}$.

Beispiele für eine solche Art von Zusammenfassungen von Elementarereignissen sind beim Würfelwurf etwa die Menge A = {1,2}, die dem
Ereignis "das Würfelergebnis ist kleiner 3", oder bei der Betrachtung der Lebensdauer die Menge A = [100,∞), die dem Ereignis "die
Lebensdauer ist größer oder gleich 100" entspricht.

Jedem Ereignis A ϵ $\mathfrak{A}$ soll nun eine Wahrscheinlichkeit (basierend auf dem
Zufallsexperiment) zugeordnet werden.

Definition 2.2:   P heißt Wahrscheinlichkeitsmaß auf $(\Omega,\mathfrak{A})$, dann und nur
dann, wenn
$$P : \mathfrak{A} \longrightarrow [0,1] \ ,$$
mit   (a) $P(\phi) = 0$,
      (b) $P(\Omega) = 1$,
      (c) $P(\sum_{n \in \mathbb{N}} A_n) = \sum_{n \in \mathbb{N}} P(A_n)$, für disjunkte $A_n \in \mathfrak{A}$.

Diese Definition 2.2 ordnet einem Ereignis, das einer Teilmenge des
Grundraums entspricht, eine Wahrscheinlichkeit zu, die in irgendeiner
noch näher zu spezifizierenden Form eine Beschreibung des Zufallsexperimentes darstellen soll.

Für den Würfelwurf mit einem fairen Würfel kann man eine solche Zuordnung beispielsweise dadurch angeben, daß man davon ausgeht, daß
jedes mögliche Ergebnis gleich wahrscheinlich ist. Das führt zu

$$P : \mathfrak{A} \longrightarrow [0,1]$$
$$P(\{i\}) = 1/6 \ , \quad i=1,\ldots,6 \ .$$

Definition 2.3:   Das Tripel $(\Omega,\mathfrak{A},P)$ heißt Wahrscheinlichkeitsraum.

Neben der Wahrscheinlichkeit eines konkret realisierbaren Ereignisses
ist auch die Betrachtung von Transformationen der Ereignisse sinnvoll,
d.h. man interessiert sich oftmals nicht für spezielle Elementarereig-
nisse sondern für bestimmte damit zusammenhängende Parameter. In diesen
Fällen betrachtet man

Definition 2.4: Eine Abbildung y : $\Omega \longrightarrow \mathbb{R}$ heißt reellwertige
Zufallsvariable, falls für alle $B \in \mathfrak{B}$ gilt: $y^{-1}(B) \in \mathfrak{A}$.

Eine Zufallsvariable y ist eine Abbildung vom Raum der Elementarereig-
nisse in die reellen Zahlen. Dabei ist jeder Raum (Ω bzw. $\mathbb{R}$) mit einer
(hier nicht näher erläuterten) Menge von Teilmengen ($\mathfrak{A}$ bzw. $\mathfrak{B}$) versehen.
Die Größe $y^{-1}(B)$ bezeichnet das Urbild von B unter y und soll in $\mathfrak{A}$ liegen, d.h. eine "sinnvolle" Teilmenge von Ω sein.

Ist beispielsweise beim Würfelwurf nur die Frage interessant, ob
eine gerade oder eine ungerade Zahl gewürfelt wird, so kann man
eine Abbildung in folgender Form definieren:

$$y : \Omega \longrightarrow \mathbb{R}$$
$$\text{mit } y(\omega) := \begin{cases} 1, \text{ falls } \omega \text{ gerade} \\ 0, \text{ falls } \omega \text{ ungerade} \end{cases} .$$

Diese Funktion y ist eine Zufallsvariable, denn falls $B \in \mathfrak{B}$ beliebig ist, sind folgende Fälle möglich:

    (1) $1 \in B$, $0 \in B$,
    (2) $1 \in B$, $0 \notin B$,
    (3) $1 \notin B$, $0 \in B$,
    (4) $1 \notin B$, $0 \notin B$.

Für diese Fälle folgt dann für das Urbild von B unter y:

    (1) $y^{-1}(B) = \Omega \subseteq \Omega$,
    (2) $y^{-1}(B) = \{2,4,6\} \subseteq \Omega$,
    (3) $y^{-1}(B) = \{1,3,5\} \subseteq \Omega$,
    (4) $y^{-1}(B) = \phi \subseteq \Omega$,

so daß y eine Zufallsvariable ist.

Dieser formale Begriff "Zufalls"-Variable ist nur im Zusammenhang mit
einer Wahrscheinlichkeit sinnvoll, denn im wesentlichen ist eine Zufallsvariable nur eine Abbildung auf einem Wahrscheinlichkeitsraum. Hat
diese Abbildung aber mathematisch "schöne" Eigenschaften, so besitzt man
die Möglichkeit durch diese Transformation "beliebige" weitere Ereignisse zu betrachten.

Der Sinn der Definition 2.4 liegt also nur darin, neben dem eigentlichen
Zufallsexperiment noch weitere Situationen zu behandeln, oder anders
ausgedrückt, eine andere Meßskala zu verwenden.

Neben dem oben angeführten eher formalen Beispiel des Würfelwurfs liegen
solche Situationen immer dann vor, wenn aus einer Grundgeamtheit Stichproben nach einem zufälligen Prinzip gewonnen werden. Die Merkmalswerte
in der Stichprobe sind dann zufällige Ergebnisse, und man bezeichnet
diese Messungen, Befragungs- oder Beobachtungsergebnisse auch als Realisationen einer Zufallsvariablen. Die zugrunde liegenden Wahrscheinlichkeiten werden vom Typ der zufälligen Auswahl bestimmt.

2.2 VERTEILUNGEN VON ZUFALLSVARIABLEN

Da mit Hilfe einer Zufallsvariablen die Ergebnisse eines Zufallsexperimentes in die reellen Zahlen transformiert werden, ist es von Interesse,
wie sich dies auf die Wahrscheinlichkeitsaussagen auswirkt.

Definition 2.5: Sei $y : \Omega \longrightarrow \mathbb{R}$ eine Zufallsvariable und

$$P^y(B) := P(y \in B) := P(\{\omega \in \Omega : y(\omega) \in B\}) = P(y^{-1}(B)).$$

Dann heißt P^y die Verteilung von y .

Auch P^y ist ein Wahrscheinlichkeitsmaß, d.h. eine Abbildung $P^y : \mathcal{B} \longrightarrow [0,1]$,
die durch die Transformation y aber nun auf den reellen Zahlen definiert
ist. Damit ist auch $(\mathbb{R}, \mathcal{B}, P^y)$ ein Wahrscheinlichkeitsraum und man ist in
der Lage, Wahrscheinlichkeitsaussagen im Wertebereich der Zufallsvaria-
blen zu machen.

Betrachtet man beispielsweise wiederum den Würfelwurf und hierbei
die schon in Abschnitt 2.1 definierte Zufallsvariable

$$y : \Omega \longrightarrow \mathbb{R}$$

$$\text{mit } y(\omega) := \begin{cases} 1, & \text{falls } \omega \text{ gerade} \\ 0, & \text{falls } \omega \text{ ungerade} \end{cases},$$

so folgt für die Verteilung dieser Abbildung direkt

$$P^y : \mathcal{B} \longrightarrow [0,1]$$

$$P^y(\{0\}) = P^y(\{1\}) = 1/2 \quad .$$

Betrachtet man nun als spezielle Mengen die Intervalle $B = (-\infty, Y] \in \mathcal{B}$, so erhält man

Definition 2.6: Sei $Y \in \mathbb{R}$, dann heißt die Funktion

$$F_y(Y) := P^y((-\infty, Y]) = P(y \leq Y)$$

die Verteilungsfunktion von y an der Stelle Y.

Zur weiteren Betrachtung von Zufallsvariablen und deren Verteilungen ist es nun zweckmäßig, folgende Unterscheidung vorzunehmen.

Definition 2.7: Eine Zufallsvariable y (bzw. deren Verteilung P^y) heißt

(a) diskret, falls sie nur endlich oder abzählbar unendlich viele Werte $Y_1, Y_2, Y_3, \ldots$ annehmen kann,

(b) stetig, falls sie beliebige Werte annehmen kann, und die Verteilungsungsfunktion F_y stetig ist.

Die Verteilungsfunktion F_y hat in diesen Fällen dann typischerweise eine Gestalt, wie sie in Abb. 2.1 für den diskreten Fall und Abb. 2.2 für den stetigen Fall dargestellt ist.

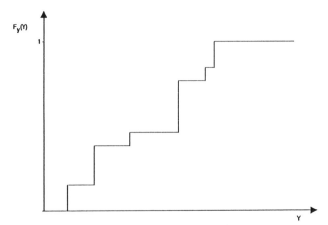

Abb. 2.1: Verteilungsfunktion F_y einer diskreten Zufallsvariablen

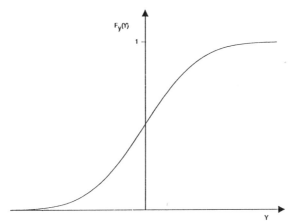

<u>Abb. 2.2</u>: Verteilungsfunktion F_y einer stetigen Zufallsvariablen

Anstelle der Verteilungsfunktion F_y kann die "Gestalt" der Zufallsvariablen y auch durch eine weitere Funktion dargestellt werden. Hierbei interessiert man sich dann nicht mehr für die Wahrscheinlichkeit eines Intervalls, sondern betrachtet die einzelnen Realisierungsmöglichkeiten der Zufallsvariablen. Dies führt dann zu der

<u>Definition 2.8</u>:

    (a) Ist y eine diskrete Zufallsvariable, so heißt $f_y(Y) := P(y=Y)$ <u>diskrete Dichtefunktion</u> bzw. <u>Punktwahrscheinlichkeit von y</u>.

    (b) Ist y eine stetige Zufallsvariable und F_y differenzierbar, so heißt

$$f_y(Y) := \frac{d}{d\xi} F_y(\xi) \Big|_{\xi=Y} \quad \text{die } \underline{\text{stetige Dichtefunktion von y}}.$$

Eine graphische Darstellung dieser Funktionen beinhalten Abb. 2.3 und Abb. 2.4 .

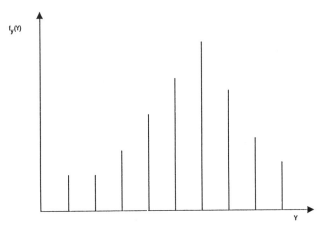

Abb. 2.3: Diskrete Dichtefunktion $f_y(Y)$

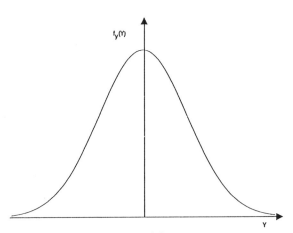

Abb. 2.4: Stetige Dichtefunktion $f_y(Y)$

Je nach Anwendungssituation wird man nun eine der angegebenen Definitionen zur Beschreibung der Wahrscheinlichkeitsstruktur einer Zufallsvariablen y verwenden. Die in den Definitionen 2.5, 2.6 und 2.8 eingeführten
Begriffe entsprechen sich und können synonym verwendet werden.

2.3 KENNGRÖSSEN VON VERTEILUNGEN

Mit den oben eingeführten Begriffen wird die Verteilung einer Zufallsvariablen eindeutig charakterisiert, so daß es möglich ist, die "Struktur des Zufalls" zu beschreiben. Dennoch ist es oftmals sinnvoll, sich
bei der "Beschreibung von y" auf einige wichtige Größen zu beschränken,
die in besonderem Maße y kennzeichnen.

Die zentralen Parameter in diesem Zusammenhang stellen der Erwartungswert und die Varianz einer Zufallsvariablen y dar.

Definition 2.9:

   (a) Sei y eine diskrete Zufallsvariable, die Werte Y_i mit Wahr-
      scheinlichkeit $P(y = Y_i)$, $i = 1,\ldots,N$, annehmen kann. Dann
      heißt

$$E\,y := \sum_{i=1}^{N} Y_i \cdot P(y = Y_i)$$

   Erwartungswert von y.

   (b) Sei y eine stetige Zufallsvariable mit Dichte $f_y(Y)$. Dann heißt

$$E\,y := \int_{-\infty}^{+\infty} Y \cdot f_y(Y)\,dY$$

   Erwartungswert von y.

Die so definierte Größe des Erwartungswertes gibt den (Massen-) Schwerpunkt einer Verteilung an, ist also der zentrale Wert um den die Zufallsvariable y ihre Realisierungen annimmt.

Beispiele:

   (1) Betrachtet man beim Würfelwurf die Zufallsvariable y, die die
      Augenzahl mißt, so gilt

$$E\,y = \sum_{i=1}^{6} i \cdot P(y = i) = \sum_{i=1}^{6} i \cdot \frac{1}{6} = 21/6 = 3.5 \ .$$

Der "Schwerpunkt" der Realisationen beim einmaligen Wurf eines
Würfels liegt somit bei einem Wert von 3.5 .

(2) Beim dreimaligem Wurf einer fairen Münze zähle y die Häufigkeit
mit der das Ergebnis "Kopf" eintritt. y kann dann die Werte 0,
1, 2 oder 3 annehmen, wobei z.b. die Summe 1, auf drei verschiedene Arten zustande kommen kann, je nachdem, ob im ersten,
zweiten oder dritten Wurf "Kopf" geworfen wurde. Analog kann
die Realisation 2 auf drei Arten und die Realisationen 0 bzw. 3
jeweils nur auf eine Art zustande kommen. Somit existieren insgesamt acht verschiedene Ausgänge des zufälligen dreimaligen
Münzwurfs, die alle gleich wahrscheinlich sind.

Für den Erwartungswert gilt demnach

$$E\,y = \sum_{i=0}^{3} i \cdot P(y = i) = [0 \cdot 1/8] + [1 \cdot 3/8] + [2 \cdot 3/8] + [3 \cdot 1/8]$$
$$= 1/8\ (3 + 6 + 3) = 12/8 = 1.5\ .$$

Bei drei Würfen erwartet man somit 1.5–mal das Ergebnis "Kopf".

Wie die Beispiele verdeutlicht haben, wird durch den Erwartungswert das
Zentrum der Verteilung charakterisiert. Im Einzelfall ist es aber nicht
unbedingt notwendig, daß der Erwartungswert einer konkreten Realisierungsmöglichkeit der Zufallsvariablen entsprechen muß, d.h. der Erwartungswert kann Werte außerhalb des Wertebereichs von y annehmen. Dies
muß bei der Interpretation dieser Kenngröße natürlich stets berücksichtigt werden.

Die Berechnung von Erwartungswerten setzt voraus, daß die Realisierungsmöglichkeiten und die entsprechende Dichtefunktionen bekannt sind. Wird
die zugrunde liegende Zufallsvariable transformiert, kann in bestimmten
Fällen auch der Erwartungswert der transformierten Zufallsvariablen berechnet werden.

Allgemein gilt für eine beliebige Transformation g, die auf die Zufallsvariable y angewendet wird, daß der Erwartungswert der neuen Zufallsvariablen x := g(y) analog zu Definition 2.9 berechnet werden kann, d.h.
es gilt im diskreten Fall

$$E\,x = E\,g(y) = \sum_{i=1}^{N} g(Y_i) \cdot P(y = Y_i)\ ,$$

bzw. im stetigen Fall

$$E \ x \ = \ E \ g(y) \ = \ \int\limits_{-\infty}^{+\infty} g(Y) \cdot f_y(Y) \ dY \quad .$$

Ist die Transformation g linear, so kann schon aus Kenntnis des Erwartungswertes E y der Erwartungswert der transformierten Zufallsvariablen angegeben werden.

Satz 2.10: Die Erwartungswertbildung ist linear, d.h. für a,b ∈ ℝ und die Zufallsvariable y gilt:

$$E(a \cdot y \ + \ b) \ = \ a \cdot E(y) \ + \ b \quad .$$

Der Beweis dieser Aussage ist insbesondere im diskreten Fall mit elementaren Umrechnungen möglich und wird dem Leser deshalb zur Übung empfohlen.

Neben dem Erwartungswert, der die Lage der Verteilung charakterisiert, ist als zweite wichtige Beurteilungsgröße die Varianz von besonderer Bedeutung, die als Maß für die Streuung Verwendung findet.

Definition 2.11:

(a) Sei y eine diskrete Zufallsvariable wie in 2.9(a), dann heißt

$$Var \ y \ := \ \sum_{i=1}^{N} (Y_i \ - \ E \ y)^2 \cdot P(y = Y_i)$$

Varianz von y.

(b) Sei y eine stetige Zufallsvariable wie in 2.9(b), dann heißt

$$Var \ y \ := \ \int\limits_{-\infty}^{+\infty} (Y \ - \ E \ y)^2 \ f_y(Y) \ dY$$

Varianz von y.

(c) Sei y eine Zufallsvariable. Dann heißt

$$\sigma_y := \sqrt{\text{Var } y}$$

Standardabweichung von y.

Die Varianz stellt eine Größe dar, die die "durchschnittliche quadrati-sche Abweichung" vom Erwartungswert mißt. Wegen der Definition 2.9 kann man dies auch exakter formulieren, denn es gilt

$$\text{Var } y = E (y - Ey)^2 \ ,$$

d.h. die Varianz ist die erwartete quadratische Abweichung vom Erwar-tungswert.

Liegen die Realisierungsmöglichkeiten einer Zufallsvariablen "nahe" beim Erwartungswert, so wird Var y "kleine" Werte annehmen, sind die Abweich-ungen "groß", so wird auch Var y "große" Werte annehmen. Man spricht deshalb auch von einem Streuungsparameter.

Zur Berechnung von Varianzen können die folgenden elementaren Rechenre-geln verwendet werden.

Satz 2.12: Seien y_1 und y_2 Zufallsvariablen und $a,b \in \mathbb{R}$, dann gilt

(a) $\text{Var } y_1 \quad = E\, y_1^{\,2} - (E\, y_1)^2 \ ,$

(b) $\text{Var } (ay_1 + b) = a^2 \, \text{Var } y_1 \ ,$

(c) $E\, (y_1 + y_2) \quad = E\, y_1 + E\, y_2 \ ,$

(d) $\text{Var } (y_1 + y_2) = \text{Var } y_1 + \text{Var } y_2 + 2 \cdot \Big(E(y_1 y_2) - (E\, y_1)(E\, y_2) \Big) \ .$

Auch der Beweis dieser Aussagen sollen dem Leser zu Übungszwecken über-lassen sein.

Die Aussage (a) aus Satz 2.12 ist auch unter dem Namen "Verschiebungs-satz von Steiner" bekannt. Da in ihr der meist schon berechnete Erwar-tungswert explizit eingeht, wird diese Darstellung der Varianz häufig verwendet.

Neben der Varianz bzw. der Standardabweichung findet auch eine weitere Maßzahl große Bedeutung bei der Beurteilung des Streuungsverhaltens der Verteilung einer Zufallsvariablen y. Da Varianz und Standardabweichung noch von der gemessenen Einheit abhängen (z.B. m, cm, km), betrachtet man auch oft ein skalenunabhängiges Streuungsmaß.

Definition 2.13: Sei y eine Zufallsvariable. Dann heißt

$$CV(y) := \frac{\sqrt{Var\ y}}{E\ y}$$

Variationskoeffizient von y.

Der Variationskoeffizient setzt die Standardabweichung in Relation zum Erwartungswert der betrachteten Zufallsvariablen y. Somit ist es dann möglich das Streuverhalten verschiedener Zufallsvariablen miteinander zu vergleichen.

2.4 SPEZIELLE VERTEILUNGEN

Im folgenden werden drei Typen von Verteilungen von Zufallsvariablen näher erläutert, die in besonderem Maße für die Behandlung repräsentativer Stichproben von Bedeutung sind.

2.4.1 BINOMIALVERTEILUNG

Bei der Betrachtung der sogenannten Binomialverteilung geht man von der Vorstellung aus, daß eine Grundgesamtheit bestehend aus insgesamt N Untersuchungseinheiten vorliege, an denen ein Merkmal beobachtet wird, das nur zwei (Bi) qualitative (nomiale) Ausprägungen besitzen kann.

Ein solcher homograder Fall (vgl. Definition 1.3) kann in einer Vielzahl von Situationen zur Anwendung kommen, etwa bei einer

- Wahlentscheidung : pro / contra ,
- Qualitätsprüfung : gut / schlecht ,
- Betrachtung von Arbeitsbelastungen : exponiert / nicht exponiert,
- Betrachtung von Erkrankungen : krank / gesund oder
- Waldschadenserfassung : geschädigt / nicht geschädigt .

Im folgenden wird eine solche Situation auf ein sogenantes Urnenmodell übertragen. Hierbei stellt man sich vor, daß sich in einer Urne N Kugeln befinden, von denen M weiß und (N-M) schwarz sind.

Aus dieser Urne wird nun zufällig eine Kugel gezogen, deren Farbe notiert und anschließend wieder zurückgelegt. Dieser Vorgang wird n-mal wiederholt, und man fragt sich, wieviele weiße Kugeln mit welcher Wahrscheinlichkeit insgesamt gezogen worden sind.

Formalisiert man dieses Experiment in der Form, daß das Ergebnis des i-ten Zuges eine Zufallsvariable y_i mit den Realisationen

$$\begin{cases} 1, \text{ falls die i-te gezogene Kugel weiß ist} \\ 0 \text{ sonst} \end{cases}$$

darstellt, i=1,...,n, so gilt für die Wahrscheinlichkeit, daß eine weiße Kugel im i-ten Zug gezogen wird

$$P(y_i = 1) = M/N =: P \quad .$$

Da man nun eine Aussage über die Wahrscheinlichkeit des Ziehens einer gewissen Anzahl weißer Kugeln im Gesamtverfahren treffen möchte, ist die Wahrscheinlichkeit zu ermitteln, daß von n gezogenen Kugeln m weiß sind, d.h. man interessiert sich für

$$P(\sum_{i=1}^{n} y_i = m) \quad .$$

Zur Ermittlung dieser Wahrscheinlichkeit betrachtet man das n-Tupel aus 0 und 1, daß genau m-mal die 1 enthält: (0,1,0,1,...,0,1). Dieses Tupel repräsentiert einen speziellen Ausgang des Experimentes, der zu insgesamt m gezogenen weißen Kugeln führt. Für dieses Tupel gilt

$$P(y_1=0,y_2=1,\ldots) = P^m \cdot (1 - P)^{n-m} \ .$$

Da es

$$\frac{n!}{m! \ (n-m)!} = \binom{n}{m}$$

Möglichkeiten gibt ein solches Tupel mit genau m Einsen zu besetzen, folgt insgesamt

$$P(\sum_{i=1}^{n} y_i = m) = \binom{n}{m} P^m \cdot (1 - P)^{n-m} \ .$$

Dieses Experiment, das im Prinzip für beliebige Grundgesamtheiten mit binomialen Ausprägungen unterstellt werden kann, führt zu der

Definition 2.14: Eine diskrete Zufallsvariable y, die die Werte $0,1,2,\ldots,n$ mit den Wahrscheinlichkeiten

$$P(y=m) = \binom{n}{m} P^m (1 - P)^{n-m} \ , \quad m = 0,1,2,\ldots,n \ ,$$

annehmen kann, heißt binomial-verteilt mit Parametern n und P (kurz : $y \sim B(n,P)$ oder $L(y) = B(n,P)$) .

Der Verteilungstyp der Binomialverteilung kommt, wie gesagt, überall dort zur Anwendung, wo eine homograde Anwendungssituation unterstellt werden kann. Besonderes Interesse gilt dann in der Regel dem Parameter P, d.h. der Wahrscheinlichkeit mit der innerhalb der vorausgesetzten Grundgesamtheit die spezifizierte Eigenschaft (weiß, pro, gut, exponiert, krank, geschädigt,...) angenommen wird.

Die erwartete Anzahl von Untersuchungseinheiten mit dieser Eigenschaft, sowie die Varianz dieser Zufallsvariablen lassen sich dann wie folgt angeben.

Satz 2.15:   Sei $y \sim B(n,P)$. Dann gilt:

(a) $E \ y = n \cdot P$,

(b) $Var \ y = n \cdot P \cdot (1 - P)$.

Die Vorgehensweise, die zur Definition der Binomialverteilung geführt
hat, läßt sich auch auf mehr als nur zwei Farben, Wahlentscheidungen,
Gesundheitzustände u.s.w. anwenden. Analog erhält man dann eine Verallgemeinerung, die auch als Multinomialverteilung bezeichnet wird, hier
aber nicht näher erläutert werden soll.

2.4.2 HYPERGEOMETRISCHE VERTEILUNG

Bei der in Abschnitt 2.4.1 eingeführten Binomialverteilung geht man von
der Vorstellung aus, daß ein Auswahlexperiment durchgeführt wird, bei
dem nach jeder Ziehung die Kugel wieder zurückgelegt wird. Überträgt
man dieses Konzept z.b. auf eine Umfragesituation in einer Bevölkerungs-
population, so existiert durch diese Vorgehensweise eine theoretische
Chance, daß eine bereits befragte Person auch ein zweites oder gar ein
drittes Mal interviewt wird.

Da in einer solchen Situation kein zusätzlicher Informationsgewinn zu
erzielen ist, soll das in Abschnitt 2.4.1 vorgestellte Ziehungsexperiment deshalb in der Form modifiziert werden, daß nach einem Zug die
Kugel nicht wieder zurückgelegt wird.

In einem solchen Fall der Ziehung ohne Zurücklegen liegt dann nach jedem
Zug eine andere Auswahlgrundlage vor, denn einerseits reduziert sich die
Größe der Urne nach jedem Zug und andererseits ändert sich abhängig von
der Farbe der bereits entnommenen Kugeln das Verhältnis von weißen zu
schwarzen Kugeln.

Demgegenüber ist nach der Entnahme von n Kugeln garantiert, daß keine
mehrfach erhoben wird. In diesem Sinne stellt eine solche Vorgehensweise die Bildung einer n-elementigen Teilmenge aus den N Kugeln der Urne
dar, d.h. es wird eine Stichprobe vom Umfang n gebildet (vgl. Definition
1.5).

Will man nun analog zur Binomialverteilung die Wahrscheinlichkeit berechnen, daß von n entnommenen Kugel genau m weiß sind, so muß berücksichtigt werden, wie groß die Anzahl der möglichen Teilmengenbildungen

ist. Es existieren

$\binom{N}{n}$ Möglichkeiten zur Teilmengenbildung insgesamt,

$\binom{M}{m}$ Möglichkeiten zur Teilmengenbildung nur aus weißen Kugeln und

$\binom{N-M}{n-m}$ Möglichkeiten zur Teilmengenbildung nur aus schwarzen Kugeln

(vgl. auch das Lemma 3.4, in dem diese Aussagen explizit hergeleitet werden), so daß sich insgesamt für die gesuchte Wahrscheinlichkeit ergibt

$$P(\sum_{i=1}^{n} y_i = m) = \frac{\binom{M}{m} \cdot \binom{N-M}{n-m}}{\binom{N}{n}}$$

Definition 2.16: Eine diskrete Zufallsgröße y, die die Werte $0,1,2,\ldots,n$ mit den Wahrscheinlichkeiten

$$P(y = m) = \frac{\binom{N \cdot P}{m} \binom{N(1-P)}{n-m}}{\binom{N}{n}}$$

annimmt, wobei $N \cdot P \in \mathbb{N}_0$, $N \cdot P \leq N$, $n \leq N$ und $\max\{ 0 , n-(1-P)N \} \leq m \leq \min\{ n , N \cdot P \}$ gilt, heißt hypergeometrisch verteilt mit Parametern N,n,P (kurz : $y \sim H(N,n,P)$ oder $L(y) = H(N,n,P)$).

Für die erwartete Zahl weißer Kugeln in der n-elementigen Stichprobe, sowie die Varianz dieser Zufallsvariablen ergibt sich dann der

Satz 2.17: Sei $y \sim H(N,n,P)$. Dann gilt:

(a) $E\ y = n \cdot P$ und

(b) $Var\ y = n \cdot P \cdot (1-P) \cdot \dfrac{N-n}{N-1}$.

Die erwartete Zahl weißer Kugeln in der Stichprobe läßt sich somit wie bei der Binomialverteilung angeben. Im Gegensatz dazu gilt für die Varianz, daß diese um den Faktor $\dfrac{N-n}{N-1}$ kleiner ist. Dieses Phänomen ergibt sich gerade aus der Tatsache, daß bei einer binomialverteilten Zufallsvariable die Möglichkeit der Mehrfacherhebung besteht, und somit ein solcher Auswahlprozeß weniger Informationen bei gleichem durch die Anzahl der Ziehungen charakterisierten Aufwand besitzt.

Ist die Zahl N der insgesamt in der Urne befindlichen Kugeln sehr groß, so wird dieser Effekt immer geringer und verschwindet bei unendlichem Umfang vollends. Damit kann bei sehr großen Grundgesamtheiten, unabhängig von der Frage, ob mit oder ohne Zurücklegen gezogen wird, immer von einer Binomialverteilung ausgegangen werden.

2.4.3 NORMALVERTEILUNG

Neben den beiden vorgestellten diskreten Verteilungen ist die sogenannte Normalverteilung im Rahmen der Stichprobentheorie von besonderer Bedeutung. Diese stetige Verteilung kann über die Gestalt ihrer Dichte definiert werden.

Definition 2.18: Eine stetige Zufallsvariable y heißt normalverteilt mit den Parametern μ und σ^2, falls sie die folgende Dichtefunktion besitzt:

$$f_y(Y) := \frac{1}{\sqrt{2\pi}\,\sigma} \cdot \exp\left\{-\frac{1}{2} \cdot \frac{(Y-\mu)^2}{\sigma^2}\right\}$$

(kurz : $y \sim N(\mu,\sigma^2)$ oder $L(y) = N(\mu,\sigma^2)$).

Die Bedeutung der Parameter μ und σ^2 ergibt sich durch den folgenden

Satz 2.19: Sei $y \sim N(\mu,\sigma^2)$. Dann gilt:

(a) $E\, y = \mu$,

(b) $\text{Var}\, y = \sigma^2$.

Die Dichtefunktion $f_y(Y)$ der Normalverteilung (vgl. auch Abb. 2.5), die auch als Normal- oder (Gaußsche) Glockenkurve bezeichnet wird, ist auf den gesamten reellen Zahlen definiert und nimmt dort stets Werte größer als Null an. Dabei ist sie symmetrisch um den Erwartungswert μ und besitzt an den Stellen $(\mu-\sigma)$ bzw. $(\mu+\sigma)$ einen Wendepunkt.

Für die praktische Arbeit mit stetigen Zufallsvariablen ist sie von überaus großer Bedeutung. Dies ergibt sich insbesondere durch den Sachverhalt, daß bei großen Datenmengen, die als Realisationen einer Zufallsvariablen aufgefaßt werden, unabhängig von der wahren Verteilung ungefähr von einer solchen Normalverteilung ausgegangen werden kann (vgl. hierzu auch die Anmerkungen zum Zentralen Grenzwertsatz in Abschnitt 2.6).

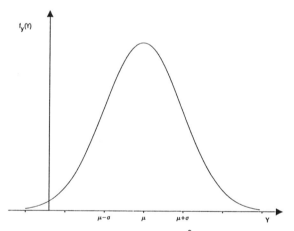

<u>Abb. 2.5</u>: Dichtefunktion $f_y(Y)$ einer $N(\mu,\sigma^2)$-verteilten Zufallsvariablen y

Der Zusammenhang zwischen Dichtefunktion und Verteilungsfunktion läßt sich bei der Normalverteilung zur Konstruktion einer Merkregel über die Verteilung der Wahrscheinlichkeitsmasse unter der Glockenkurve ausnutzen. Nach der <u>1- bzw. 2- bzw. 3-σ-Regel</u> liegen im Bereich

$$\left\{Y:\ \mu-1\sigma \leq Y \leq \mu+1\sigma\right\} \qquad 68.27\% \ ,$$

$$\left\{Y:\ \mu-2\sigma \leq Y \leq \mu+2\sigma\right\} \qquad 95.45\% \ \text{und}$$

$$\left\{Y:\ \mu-3\sigma \leq Y \leq \mu+3\sigma\right\} \qquad 99.73\%$$

der Wahrscheinlichkeitsmasse.

Unabhängig von diesen durch die Standardabweichung σ ausgezeichneten
Punkten kann überdies jedem Wahrscheinlichkeitswert eindeutig eine Zahl
aus dem Wertebereich von y zugeordnet werden, denn

$$P(y \leq u) = F_y(u) = \int_{-\infty}^{u} \frac{1}{\sqrt{2\pi}\,\sigma}\, \exp\left\{-\frac{1}{2}\,\frac{(Y-\mu)^2}{\sigma^2}\right\}\, dY \quad .$$

Dies gibt Anlaß zu der (auch für andere Verteilungen gültigen)

Definition 2.20: Der Wert $u_{1-\alpha}$, für den $P(y \leq u_{1-\alpha}) = 1 - \alpha$ gilt, heißt

das (1-α) - Quantil der Verteilung von y.

Das (1-α) - Quantil einer Verteilung gibt somit den Punkt an, bis zu dem
(1-α) der Wahrscheinlichkeitsmasse liegen (vgl. auch Abb. 2.6). Für die
Normalverteilung liegen diese Quantile in Form von Tabellen vor.

Um ein Quantil für die Normalverteilung von y mit Parametern μ und σ^2 zu
erhalten, betrachtet man eine Transformation der Zufallsvariablen y und
definiert

$$x := \frac{y-\mu}{\sigma} \quad .$$

Für diese Zufallsvariable x gilt

$$E\,x = E\left(\frac{y-\mu}{\sigma}\right) = \frac{1}{\sigma}\,(E\,y - \mu) = 0 \quad \text{und}$$

$$\text{Var}\,x = \text{Var}\left(\frac{y-\mu}{\sigma}\right) = \frac{1}{\sigma^2}\,\text{Var}\,y = 1 \quad .$$

Man spricht in diesem Zusammenhang deshalb von einer Standardisierung
der Zufallsvariablen y und nennt die Zufallsvariable x auch standard-
normalverteilt (kurz : $x \sim N(0,1)$).

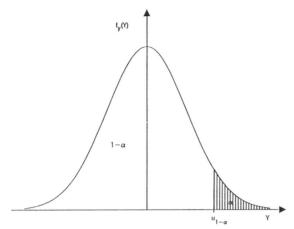

Abb. 2.6: $(1-\alpha)$-Quantil bei einer $N(0,1)$-verteilten Zufallsvariablen y

Für die Ermittlung eines $(1-\alpha)$-Quantils einer Normalverteilung mit Parametern μ und σ^2 reicht es somit aus nur die Quantile der Standardnormalverteilung zu tabellieren (siehe Anhang B2), mit denen dann durch Umkehr
obiger Transformation jede beliebige Normalverteilung betrachtet werden
kann.

Mit Hilfe des Quantilbegriffes, d.h. der eindeutigen Zuordnung von einer
Wahrscheinlichkeit zu einer Realisationsmöglichkeit der Zufallsvariablen
y, können bei der Normalverteilung über die 1- bzw. 2- bzw. 3-σ-Regel
hinaus beliebige Wahrscheinlichkeitsintervalle angegeben werden.

Sei dazu vorausgesetzt, daß $y \sim N(\mu,\sigma^2)$ gilt. Dann ergibt sich durch
Standardisierung der Zufallsvariablen y, daß

$$\left(\frac{y-\mu}{\sigma}\right) \sim N(0,1) \ ,$$

und deshalb die Wahrscheinlichkeitsaussage

$$P\left(|\frac{y-\mu}{\sigma}| \leq u_{1-\alpha/2}\right) = 1 - \alpha \ ,$$

da die Normalverteilung symmetrisch ist. Durch weitere Umformung dieser
Wahrscheinlichkeit erhält man

$$1 - \alpha = P\left(-u_{1-\alpha/2} \leq \frac{y-\mu}{\sigma} \leq u_{1-\alpha/2}\right)$$

$$= P\left(y - u_{1-\alpha/2} \cdot \sigma \leq \mu \leq y + u_{1-\alpha/2} \cdot \sigma\right)$$

$$= P\left(\left[y - u_{1-\alpha/2} \cdot \sigma \; ; \; y + u_{1-\alpha/2} \cdot \sigma\right] \ni \mu\right) \; .$$

Damit hat man ein Intervall angegeben, daß mit einer Wahrscheinlichkeit von $(1-\alpha)$ den Erwartungswert μ der Normalverteilung überdeckt. Ausgehend von der Zufallsvariablen y erhält man dieses Intervall durch Subtraktion bzw. Addition des Produktes aus Standardabweichung und $(1-\alpha/2)$ - Quantil. Da y eine Zufallsvariable darstellt, ist auch das resultierende Intervall vom Zufall abhängig.

Definition 2.21: Das Intervall $K := \left[y \mp u_{1-\alpha/2} \cdot \sigma\right]$ heißt (1-α)-Konfi-
denzintervall, Konfidenzintervall zu Niveau (1-α) oder Bereichs-
schätzer für den Parameter μ.

2.5 STOCHASTISCHE UNABHÄNGIGKEIT

Die bisherigen Ausführungen beinhalten zunächst immer die Vorstellung, daß nur eine Zufallsvariable betrachtet wird. Andererseits ist es aber auch denkbar, daß mehrere Zufallsvariablen gleichzeitig von Interesse sind, wie dies beispielsweise bei den in den Abschnitten 2.4.1 und 2.4.2 behandelten Ziehungsexperimenten der Fall war, in denen jeder Ziehung eine Zufallsvariable zugeordnet war. In solchen Situationen ist es dann natürlich wünschenswert, Kenntnisse über Zusammenhänge solcher Zufallsvariablen zu erhalten.

Zur Demonstration solcher "Zusammenhänge" soll noch einmal auf das erwähnte Ziehungsexperiment eingegangen werden.

Beispiel: Aus einer Urne mit insgesamt N Kugeln, von denen M weiß und (N-M) schwarz sind, sollen n=2 Kugeln zufällig entnommen werden. Jedem Zug sei eine Zufallsvariable y_i, i = 1,2, zugeordnet, die die

Werte 1 oder 0 annehmen kann, je nachdem, ob eine weiße oder eine schwarze Kugel entnommen wurde.

Dann sind nach Abschnitt 2.4.1 bzw. 2.4.2 zwei unterschiedliche Auswahltechniken möglich.

1.Fall: Ziehen mit Zurücklegen (Binomialverteilung)

Hier wird durch das Zurücklegen die Grundgesamtheit der Urne wieder in ihren ursprünglichen Zustand versetzt, so daß für die Realisationen der Zufallsvariablen y_2 des zweiten Zugs die gleichen Möglichkeiten gelten wie für die Zufallsvariable y_1 des ersten Zugs. Daraus folgt eine "Unabhängigkeit" von y_1 und y_2.

2.Fall: Ziehen ohne Zurücklegen (hypergeometrische Verteilung)

Nimmt man an, daß das Ergebnis des ersten Zuges "1" ist, so gilt

$$P(y_2=1) = \frac{M-1}{N-1} \quad \text{und} \quad P(y_2=0) = \frac{N-M}{N-1} \quad .$$

Ist demgegenüber das Ergebnis des ersten Zuges "0", so folgt

$$P(y_2=1) = \frac{M}{N-1} \quad \text{und} \quad P(y_2=0) = \frac{N-M-1}{N-1} \quad ,$$

d.h. es existiert im Falle des Ziehens ohne Zurücklegen eine "Abhängigkeit" zwischen den Zufallsvariablen y_1 und y_2.

Zur Formalisierung dieser hier aufgetretenen Begriffe von "abhängigen" und "unabhängigen" Zufallsvariablen verwendet man die

Definition 2.22: Seien y_1 und y_2 zwei Zufallsvariablen auf einem gemeinsamen Wahrscheinlichkeitsraum, dann heißen y_1 und y_2 stochastisch unabhängig, falls für alle a,b ∈ ℝ gilt
P($y_1 \leq$ a und $y_2 \leq$ b) = P($y_1 \leq$ a) · P($y_2 \leq$ b).

Diese Aussage der stochastischen Unabhängigkeit kann auch mit Hilfe der Verteilungs- oder der Dichtefunktion ausgedrückt werden. Im einzelnen gilt eine stochastische Unabhängikeit zwischen y_1 und y_2, falls

$$F_{y_1,y_2}(a,b) = F_{y_1}(a) \cdot F_{y_2}(b) \quad ,$$

d.h. falls die gemeinsame Verteilungsfunktion von y_1 und y_2 sich als
Produkt der (Rand-) Verteilungsfunktionen von y_1 bzw. y_2 darstellen
läßt, bzw. bei stetigen Zufallsvariablen für die Dichtefunktionen gilt

$$f_{y_1,y_2}(a,b) = f_{y_1}(a) \cdot f_{y_2}(b) \quad,$$

oder für diskrete Zufallsvariablen für die Punktwahrscheinlichkeiten
gilt

$$P(y_1=a \text{ und } y_2=b) = P(y_1=a) \cdot P(y_2=b) \quad.$$

Im obigen Beispiel, bei dem diskrete Zufallsvariablen y_1 und y_2 betrachtet werden, und es deshalb sinnvoll ist, die stochastische Unabhängigkeit mit Hilfe der Punktwahrscheinlichkeiten zu überprüfen, ergeben sich damit folgende Berechnungen.

Beispiel: Vereinfacht man obiges Beispiel in der Form, daß man vom
Ziehen von zwei Kugeln aus einer Urne mit nur einer weißen ($\hat{=}$ "1")
und einer schwarzen ($\hat{=}$ "0") Kugel) ausgeht, so gilt im

1.Fall: Ziehen mit Zurücklegen (Binomialverteilung)
Hier existieren insgesamt vier Möglichkeiten des Versuchsausgangs

$$(1,1) \ (1,0) \ (0,1) \ (0,0),$$

die alle gleich wahrscheinlich sind, so daß gilt

$$P(y_1=i \text{ und } y_2=j) = 1/4 = 1/2 \cdot 1/2 = P(y_1=i) \cdot P(y_2=j)$$

mit $i,j = 0,1$. Daraus folgt, daß y_1 und y_2 stochastisch unabhängig sind.

2.Fall: Ziehen ohne Zurücklegen (hypergeometrische Verteilung)
Hier existieren nur die zwei möglichen Versuchsausgänge

$$(1,0) \ (0,1),$$

die gleich wahrscheinlich sind, so daß

$$P(y_1=i \text{ und } y_2=j) = 1/2 \neq 1/2 \cdot 1/2 = P(y_1=i) \cdot P(y_2=j)$$

mit $i \neq j$, bzw.

$$P(y_1=i \text{ und } y_2=j) = 0 \neq 1/4 = P(y_1=i) \cdot P(y_2=j)$$

mit $i = j$.

Somit folgt, daß y_1 und y_2 stochastisch abhängig sind.

Wie das obige Beispiel gezeigt hat, kann sich eine stochastische Abhängigkeit durch die direkte Einflußnahme des Ergebnisses einer Zufallsvariablen auf das Ergebnis einer anderen ergeben. Darüberhinaus sind aber auch Situationen denkbar, in denen eine solche Beeinflussung nicht so offensichtlich ist, so daß die Kriterien der Definition 2.22 zur Prüfung der Unabhängigkeit dann von besonderer Bedeutung werden.

Da die Abhängigkeit von Zufallsvariablen unterschiedlich stark ist, d.h. die Gleichung in Definition 2.22 mehr oder weniger verletzt sein kann, ist es sinnvoll eine Maßzahl für den Grad der Abhängigkeit zur Verfügung zu stellen. Hierzu erweist sich die folgende Definition von besonderer Bedeutung.

<u>Definition 2.23</u>: Für zwei Zufallsvariablen y_1 und y_2 bezeichnet

$$Kov(y_1,y_2) := E\Big((y_1 - E\, y_1) \cdot (y_2 - E\, y_2)\Big)$$

die <u>Kovarianz zwischen y_1 und y_2.</u>

Die Kovarianz ist ähnlich der Varianz ein Erwartungswert von Abweichungen, wobei hier das Produkt der Abweichungen vom jeweiligen Erwartungswert betrachtet wird. Somit kann auch hier wie in Satz 2.12 (a) ein Verschiebungssatz formuliert werden, d.h. es gilt

$$Kov(y_1,y_2) = E(y_1 \cdot y_2) - (E\, y_1) \cdot (E\, y_2).$$

Ist $y_1 = y_2$, so ist die Kovarianz mit der Varianz identisch, d.h. es gilt

$$Kov(y,y) = Var\, y \quad .$$

Mit diesen beiden Ergebnissen läßt sich der Satz 2.12 (d), in dem die Varianz einer Summe von Zufallsvariablen berechnet wurde, auch formulieren als

$$Var(y_1+y_2) = Kov(y_1,y_1) + Kov(y_1,y_2) + Kov(y_2,y_1) + Kov(y_2,y_2) \quad ,$$

d.h. die Varianz der Summe von Zufallsvariablen ist gleich der Summe über alle möglichen Kovarianzen.

Im Zusammenhang mit der stochastischen Unabhängigkeit gilt nun der zentrale

Satz 2.24: Sind y_1 und y_2 stochastisch unabhängig, dann ist
$Kov(y_1,y_2) = 0$.

Die Umkehrung dieses Satzes gilt im allgemeinen nicht, was folgendes Beispiel verdeutlichen mag.

Beispiel: Sei y_1 eine Zufallsvariable, die die Werte $Y_1 = 1$, $Y_2 = 0$ und $Y_3 = -1$ jeweils mit Wahrscheinlichkeit $P(y_1=Y_i) = 1/3$ annimmt.

Sei weiterhin $y_2 := y_1^2$, also eine von y_1 (sogar funktional) abhängige Zufallsvariable, die den Wert Y_1 mit Wahrscheinlichkeit $P(y_2=Y_1) = 2/3$ und Y_2 mit Wahrscheinlichkeit $P(y_2=Y_2) = 1/3$ annimmt.

Trotz dieser Abhängigkeit gilt für die Kovarianz

$$Kov(y_1,y_2) = Kov(y_1,y_1^2) = E\, y_1^3 - (E\, y_1)\cdot(E\, y_1^2)$$

$$= \left(\sum_{i=1}^{3} Y_i^3 \cdot P(y_1=Y_i)\right) - \left(\sum_{i=1}^{3} Y_i \cdot P(y_1=Y_i)\right) \cdot \left(\sum_{i=1}^{3} Y_i^2 \cdot P(y_1=Y_i)\right)$$

$$= \frac{1}{3}\left\{(1+0-1) - (1+0-1)\cdot(1+0+1)\right\} = 0.$$

Die Kovarianz kann somit nicht als allgemeines Abhängigkeitsmaß genutzt werden, wohl aber für die Beschreibung des linearen Zusammenhangs zweier Zufallsvariablen. Normiert man die Kovarianz so, daß nur Werte zwischen −1 und +1 angenommen werden, so erhält man die

Definition 2.25: Die Größe

$$\rho(y_1, y_2) := \rho := \frac{Kov(y_1, y_2)}{\sqrt{Var\ y_1 \cdot Var\ y_2}} \qquad \text{heißt}$$

Korrelationskoeffizient zwischen y_1 und y_2 .

Der Korrelationskoeffizient dient, wie bereits erwähnt, nur zur Messung eines linearen Zusammenhangs der Form $y_1 = \alpha + \beta \cdot y_2$. Falls dieser exakt erfüllt ist, gilt:

$$\rho = \frac{Kov(\alpha + \beta y_2, y_2)}{\sqrt{Var(\alpha + \beta y_2) \cdot Var(y_2)}} = \frac{\beta \cdot Kov(y_2, y_2)}{\sqrt{\beta^2 \cdot Var(y_2) \cdot Var(y_2)}} = sign(\beta) \ ,$$

d.h. die Korrelation ist abhängig vom Vorzeichen von β +1 bzw. −1. Man spricht dann auch von exakter linearer positiver bzw. negativer Abhängigkeit.

Ergibt sich dagegen eine Korrelation von Null, so kann nur geschlossen werden, daß kein linearer Zusammenhang vorliegt, d.h., daß y_1 und y_2 unkorreliert sind. Eine stochastische Unabhängigkeit kann, wie im obigen Beispiel gezeigt wird, dann aber nicht angenommen werden.

2.6 ZENTRALER GRENZWERTSATZ

Die Bedeutung der Normalverteilung ergibt sich, wie in Abschnitt 2.4.3 bereits angedeutet, insbesondere aus einer Reihe asymptotischer Ergebnisse, die auch als Grenzwertsätze bezeichnet werden. Hierbei geht man von der Vorstellung aus, daß nicht mehr eine endliche, sondern eine unendliche Folge von Zufallsvariablen gegeben ist. Dies führt bei der Anwendung solcher Ergebnisse meist zu der Forderung, daß der Stichprobenumfang der zugrunde liegenden Daten sehr groß sein sollte.

An dieser Stelle sollen nun zwei Versionen von Grenzwertsätzen angegeben werden, wobei zunächst von der Situation des homograden Falls, d.h. dem Vorliegen eines Binomialexperimentes ausgegangen werden soll. Hier gilt dann der sogenannte <u>Grenzwertsatz von MOIVRE-LAPLACE</u>.

<u>Satz 2.26</u>: Für Zufallsvariablen $s_n \sim B(n,P)$ gilt

$$\frac{s_n - n \cdot P}{\sqrt{n \cdot P \cdot (1-P)}} \xrightarrow[n \to \infty]{} N(0,1) \quad .$$

Die in diesem Satz gekennzeichnete Konvergenz "$\xrightarrow[n \to \infty]{}$" wird auch als <u>schwache Konvergenz</u> bezeichnet. Dies bedeutet im Wesentlichen, daß die empirische Verteilungsfunktion der "standardisierten" Zufallsvariablen gegen die Verteilungsfunktion der Standardnormalverteilung konvergiert. Dieses Ergebnis ist gültig, obwohl die Binomialverteilung eine diskrete Verteilung darstellt.

Eine Verallgemeinerung dieses Satzes für beliebige Zufallsvariablen (ob stetig oder diskret) stellt der sogenannte <u>Zentrale Grenzwertsatz</u> dar.

<u>Satz 2.27</u>: Sei $y_1, y_2, y_3, \ldots$ eine Folge von stochastisch unabhängigen und identisch verteilten Zufallsvariablen mit Erwartungswert $E\, y_k$ und Varianz $\mathrm{Var}\, y_k < \infty$ für alle k. Dann gilt

$$\frac{1}{\sqrt{n}} \sum_{k=1}^{n} \frac{y_k - E\, y_k}{\sqrt{\mathrm{Var}\, y_k}} \xrightarrow[n \to \infty]{} N(0,1) \quad .$$

Die praktische Anwendung des Zentralen Grenzwertsatzes erstreckt sich auf beliebige Zufallsvariablen, solange diese unabhängig und identisch verteilt sind. Dabei wird der Mittelwert der Zufallsvariablen standardisiert und als normalverteilt angesehen, wenn nur der Stichprobenumfang hinreichend groß genug ist.

2.7 ÜBUNGSAUFGABEN

<u>Aufgabe 2.1</u>:
Sei y eine diskrete Zufallsvariable, die nur die Werte Y_i , $i=1,\ldots,N$, mit positiver Wahrscheinlichkeit annehmen kann und a bzw. b konstante

reelle Zahlen. Zeigen Sie:

$$E(a \cdot y + b) = a \cdot E(y) + b \quad .$$

Aufgabe 2.2:

Seien y_1 bzw. y_2 diskrete Zufallsvariablen, die nur die Werte Y_{1i} bzw. Y_{2i}, $i = 1, \ldots, N$, mit positiver Wahrscheinlichkeit annehmen können und a und b konstante reelle Zahlen. Zeigen Sie:

(a) $Var(y_1) = E(y_1^2) - E(y_1)^2$,

(b) $Var(a \cdot y_1 + b) = a^2 \cdot Var(y_1)$,

(c) $E(y_1 + y_2) = E(y_1) + E(y_2)$,

(d) $Var(y_1 + y_2) = Var(y_1) + Var(y_2) + 2 \cdot \left[E(y_1 y_2) - E(y_1) \cdot E(y_2) \right]$.

Aufgabe 2.3:

Bei der Sektkellerei *"Prickelndes Leben"* werden zur Verkorkung nach Abfüllung Stopfen verwendet, die leider nicht immer brauchbar sind. Die Wahrscheinlichkeit, daß ein solcher Korkstopfen unbrauchbar ist, sei P = 0.1. Zur Kontrolle des Flaschenoutputs werden nun n = 5 Stopfen aus einer (großen) Lieferung des Korkenherstellers entnommen. y sei die Anzahl der unbrauchbaren Stopfen in der Stichprobe.

(a) Berechnen Sie die diskrete Dichte und die Verteilungsfunktion von y und stellen Sie diese graphisch dar.

(b) Wie groß sind E(y), Var(y) und CV(y) ?

(c) Wie verändern sich die Ergebnisse aus (b), wenn man nur eine Probelieferung von 50 Korkstopfen erhält, ansonsten aber von gleichen Voraussetzungen ausgegangen werden kann.

Aufgabe 2.4:

Sei y eine Zufallsvariable mit $L(y) = N \left(0.72 , 0.0001 \right)$. Bestimmen Sie:

(a) $P (y < 0.70)$,

(b) $P (y > 0.75)$,

(c) $P (0.70 < y < 0.74)$,

(d) $P (\ 0.70 < y < 0.75 \ )$,

(e) $P (\ y < 0.705 \ )$.

Aufgabe 2.5:

Zur Verbesserung der Arbeitsplatzsituation von Arbeitern in Kühlhäusern
wird unter anderem gemessen, wieviel Zeit während einer 8-Sunden-Schicht
in Temperaturen unter -25° C verbracht wird.

Bei einer Untersuchung stellt man nun eine Durchschnittszeit von 5 Stun-
den fest, wobei eine Varianz von 2 zugrunde liegen wird. Geben sie ein
95 % – Konfidenzintervall für die unbekannte Aufenthaltszeit an, wenn
von einer Normalverteilung ausgegangen werden kann.

Aufgabe 2.6:

Gegeben sei das Problem aus Aufgabe 2.3, wobei nun eine Stichprobe vom
Umfang n=300 vorliegen soll. Wie groß ist die Wahrscheinlichkeit, daß in
der Stichprobe mehr als 45 unbrauchbare Stopfen sind ?

Kapitel 3
Einfache Zufallsstichproben

Die Aufgabe der Stichprobentheorie besteht darin, repräsentative Stichproben bereitzustellen, um auf eine gegebene Grundgesamtheit zu schließen (vgl. Definition 1.6). Dabei entstehen die Fragen:

■ Wie erstellt man eine repräsentative Stichprobe ?
  bzw.
■ Wie erhält man repräsentative Stichprobenergebnisse ?

Als grundlegende Vorgehensweise einer repräsentativen Schlußweise ergibt
sich damit, daß ein gegebenes Sachproblem über die Definition von Parametern einer Grundgesamtheit charakterisiert wird, und diese unbekannten
Größen mittels der Ergebnisse einer Stichprobenerhebung beschrieben werden sollen.

Schematisch läßt sich diese Vorgehensweise wie in Abb. 3.1 darstellen.

In Ergänzung zu Definition 1.6 soll nun formuliert werden

Forderung/Annahme/Voraussetzung 3.1: Eine Stichprobe heißt repräsen-

tativ, wenn aus ihr der Mittelwert $\bar{Y}.$ der Grundgesamtheit "vernünf-

tig" geschätzt werden kann.

Da für den heterograden bzw. den homograden Fall die folgenden Bezieh-
ungen gelten:

Heterograd : ■ $\bar{Y}. = \frac{1}{N} \cdot \sum_{i=1}^{N} Y_i$ ■ $Y. = N \cdot \bar{Y}.$

Homograd : ■ $\bar{Y}. = P = \frac{M}{N}$ ■ $Y. = N \cdot P = M$

sind mit der Forderung 3.1 die beiden zentralen Anwendungsfälle abge-
deckt.

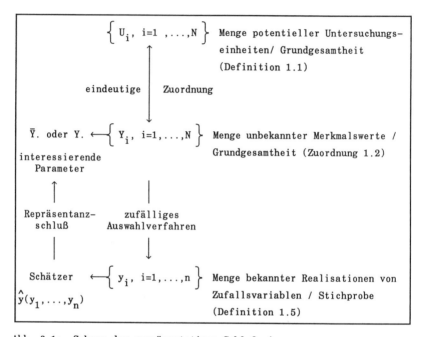

Abb. 3.1: Schema der repräsentativen Schlußweise

Das Wort "vernünftig" in Forderung 3.1 soll mit statistischen Gütekrite-
rien konkretisiert werden. Hierzu wird zunächst eingeführt

Definition 3.2: Eine Transformation $\hat{y}$ der Merkmalswerte $y_1,\ldots,y_n$ der
Stichprobe heißt Schätzfunktion oder auch kurz Schätzer.

Ein Schätzer $\hat{y}$ ist also eine Funktion der Werte $y_1,\ldots,y_n$. Sind diese
Merkmalswerte die Realisationen von Zufallsvariablen, so muß auch der
Schätzer $\hat{y}$ eine Zufallsvariable darstellen. Als "vernünftige" Gütekri-
terien werden im Rahmen der Stichprobentheorie dann die Eigenschaften
der Erwartungstreue und die möglichst geringe Varianz einer solchen
Schätzfunktion angesehen.

Definition 3.3: Ein Schätzer $\hat{y}(y_1, \ldots, y_n)$ für den unbekannten Parameter Y der Grundgesamtheit heißt <u>erwartungstreu</u> , falls

$$E_Y \hat{y} = Y \quad , \quad \text{für alle } Y \in \mathbb{R} .$$

Andernfalls heißt $\hat{y}$ <u>verzerrt</u> und der Ausdruck

$$B(\hat{y}) := E_Y \hat{y} - Y$$

die <u>Verzerrung von $\hat{y}$</u> .

Eine graphische Veranschaulichung eines erwartungstreuen und eines verzerrten Schätzers ist der Abb. 3.2 zu entnehmen.

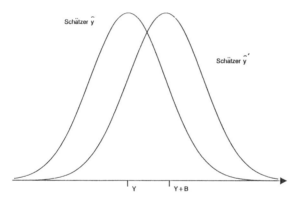

Abb. 3.2: Verteilung (Dichtefunktion) eines erwartungstreuen ($\hat{y}$) und eines verzerrten Schätzers ($\hat{y}'$)

Neben der Erwartungstreue spielt die Varianz einer Schätzfunktion eine wichtige Rolle zur Beurteilung einer Schätzfunktion, denn diese sollte so gering wie möglich sein.

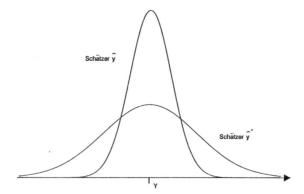

Abb. 3.3: Verteilung (Dichtefunktion) einer Schätzfunktion mit geringer
           $(\hat{y})$ und einer mit hoher $(\hat{y}')$ Varianz

Hierbei entsteht nun aber oft das Problem, daß sich beide Forderungen
widersprechen und man etwa eine Situation wie in Abb. 3.4 antrifft.

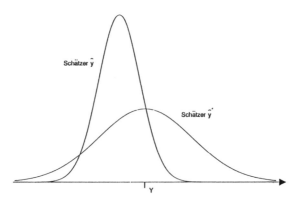

Abb. 3.4: Verteilung (Dichtefunktion) eines erwartungstreuen Schätzers
           mit hoher Varianz $(\hat{y}')$ und eines verzerrten Schätzers mit ge-
           ringer Varianz $(\hat{y})$

Liegt eine solche Situation vor, so können in der Regel keine (theoretisch) optimalen Lösungen zu diesem Problem angegeben werden. Steht man in praxi einer solchen Problematik gegenüber, so müssen Kompromisse gefunden werden und man sucht etwa Schätzer, die nur eine geringe Verzerrung besitzen.

Zur Beantwortung der Frage wie man aus einer Stichprobe eine Schätzfunktion mit guten statistischen Eigenschaften konstruiert, soll hier aber zunächst die Frage der konkreten Stichprobenkonstruktion angesprochen werden.

Nach Definition 1.5 ist eine Stichprobe $\{y_1, \ldots, y_n\}$ eine n-elementige Teilmenge der Grundgesamtheit $\{Y_1, \ldots, Y_N\}$. Für diese Teilmengen aus einer endlichen Population gilt das

<u>Lemma 3.4</u>: Es gibt $\binom{N}{n}$ n-elementige Teilmengen aus einer Menge vom Umfang N.

<u>Beweis</u>: In einer n-elementigen Teilmenge ist kein Element mehrmals vorhanden <u>und</u> eine Reihenfolge nicht zu beachten.

Daraus ergibt sich, daß eine n-elementige Teilmenge einer Auswahl von n aus N unterscheidbaren Kugeln ohne Wiederholung <u>und</u> ohne Berücksichtigung der Reihenfolge entspricht.

Deshalb betrachtet man zunächst eine Auswahl (wie bei der Binomialverteilung) mit Berücksichtigung der Reihenfolge.

Hierbei gibt es

N	Möglichkeiten die erste Kugel zu ziehen,					
(N-1)	"	"	zweite	"	"	" ,
(N-2)	"	"	dritte	"	"	" ,

$\cdot$
$\cdot$
$\cdot$

(N-n+1)	"	"	n-te	"	"	" ,

so daß es $N \cdot (N-1) \cdot \ldots \cdot (N-n+1) \cdot \dfrac{(N-n) \cdot \ldots \cdot 1}{(N-n) \cdot \ldots \cdot 1} = \dfrac{N!}{(N-n)!}$ Möglichkeiten gibt, mit Berücksichtigung der Reihenfolge zu ziehen.

Insgesamt existieren damit $\dfrac{N!}{n!(N-n)!}$ Möglichkeiten ohne Berücksichtigung der Reihenfolge zu Ziehen.   XXX

Mit Lemma 3.4 ist die Zahl aller möglichen Stichproben vom Umfang n aus einer Grundgesamtheit vom Umfang N zu ziehen angegeben. Basierend auf dieser Aussage läßt sich nun die einfachste Art der Stichprobenbildung angeben durch

Definition 3.5: Eine Stichprobe vom Umfang n aus einer Grundgesamtheit vom Umfang N heißt einfache Zufallsstichprobe (ohne Zurücklegen), wenn sie die gleiche Auswahlwahrscheinlichkeit wie alle anderen möglichen Stichproben gleichen Umfangs besitzt.

Ein einfaches Beispiel mag diese Definition erläutern.

Beispiel: Sei eine Grundgesamtheit vom Umfang N= 4 durch folgende Menge von Merkmalswerten Y_i gegeben {1, 3, 7, 19}.

Dann gibt es $\binom{4}{2} = \frac{4!}{2!2!} = 6$ Stichproben vom Umfang n=2 und zwar {1, 3}, {1, 7}, {1, 19}, {3, 7}, {3, 19} und {7, 19}.

Kann jede dieser Stichproben mit der gleichen Wahrscheinlichkeit von $\frac{1}{\binom{4}{2}} = \frac{1}{6}$ auftreten, so liegt eine einfache Zufallsstichprobe vor.

Die Definition 3.5 bedeutet nicht, daß es zur Realisierung einer einfachen Zufallsstichprobe ausreicht, eine gleiche Auswahlwahrscheinlichkeit für jedes Element der Grundgesamtheit zu fordern. Dieser Unterschied zwischen "gleich wahrscheinlichen Stichproben" und "gleicher Wahrscheinlichkeit ausgewählt zu werden", kann durch eine einfache Modifikation obigen Beispiels verdeutlicht werden.

Beispiel: Bei der oben beschriebenen Grundgesamtheit geht man davon aus, daß ein Auswahlverfahren vorliegt, das durch die in nachfolgender Tabelle gegebenen Auswahlwahrscheinlichkeiten charakterisiert ist:

Mögliche Stichproben	{1, 3}	{1, 7}	{1,19}	{3, 7}	{3,19}	{7,19}
Auswahlwahrscheinlichkeit	0.5	0	0	0	0	0.5

Hier hat jedes Element die gleiche Auswahlwahrscheinlichkeit

$$0.5 = P(\ 1 \in \text{der Stichprobe}) = P(\ 3 \in \text{der Stichprobe})$$
$$= P(\ 7 \in \text{der Stichprobe}) = P(19 \in \text{der Stichprobe}),$$

aber alle möglichen Stichproben sind hier nicht gleich wahrscheinlich, so daß dies <u>keine einfache Zufallsstichprobe</u> darstellt.

Da eine einfache Zufallsstichprobe in diesem Sinne eine besondere Eigenschaft besitzt, stellt sich die Frage, wie diese Zufallsstichprobe realisiert werden kann. Im folgenden sollen dazu fünf sogenannte Ziehungstechniken vorgestellt werden.

Ziehungstechnik 1: Urnenmodell

Als naheliegende Methode eine einfache Zufallsstichprobe zu realisieren kann ein Modell gelten, bei der man sich die Elemente der Grundgesamtheit als N numerierte Kugeln in einer Urne vorstellt, diese Kugeln durchmischt und anschließend n Kugeln auf einmal entnimmt.

Es ist natürlich naheliegend, daß eine solche Technik nur bei relativ kleinen Umfängen n und N realisiert werden kann, so daß die Ziehungstechnik 1 mehr theoretischen Charakter besitzt.

Ziehungstechnik 2: Lotterie

Modifiziert man obiges Verfahren in der Form, daß jede Kugel einzeln entnommen wird, und nach jedem Zug die restlichen Kugeln der Urne erneut gemischt werden, so wird ebenfalls eine einfache Zufallsstichprobe realisiert. Berümtestes Beispiel einer solchen Ziehungstechnik wird wohl die allsamstägliche Lottorioausspielung 6 aus 49 sein.

Trotz dieser Ordnung des Nacheinanderziehens, die der Bildung von Teilmengen zunächst widersprechen mag, führt diese Technik zu einer einfachen Zufallsauswahl, denn

$$P(\{U_{i1},\dots,U_{in}\} \text{ in der Stichprobe})$$
$$= n!\ P((U_{i1},\dots,U_{in}) \text{ in dieser Reihenfolge})$$
$$= n!\ P(U_{i1} \text{ im 1.Zug})\ P(U_{i2},\dots,U_{in}, \text{ falls } U_{i1} \text{ im 1.Zug})$$

$$= n! \ P(U_{i1} \ \text{im 1.Zug}) \ P(U_{i2} \ \text{im 2.Zug, falls } U_{i1} \ \text{im 1.Zug})$$

$$\cdot P(U_{i3}, \ldots, U_{in}, \ \text{falls } U_{i1} \ \text{im 1. } \underline{\text{und}} \ U_{i2} \ \text{im 2. Zug})$$

$$= n! \ P(U_{i1} \ \text{im 1.Zug}) \ P(U_{i2} \ \text{im 2.Zug, falls } U_{i1} \text{im 1.Zug})$$

$$\cdot P(U_{i3} \ \text{im 3.Zug, falls } U_{i1} \text{im 1. und } U_{i2} \ \text{im 2.Zug})$$

$$\cdot \ldots \cdot P(U_{in} \ \text{im n.Zug, falls } U_{i1} \text{im 1. und } \ldots U_{i(n-1)} \ \text{im (n-1).Zug})$$

$$= n! \cdot \frac{1}{N} \cdot \frac{1}{N-1} \cdot \frac{1}{N-2} \cdot \ldots \cdot \frac{1}{N-(n-1)}$$

$$= n! \cdot \frac{(N-n)!}{N!} = \frac{1}{\binom{N}{n}} \ . \qquad 6! \ \frac{43!}{49!} = 7,2 \cdot 10^{-8}$$

Obwohl bei der einfachen Zufallsauswahl eine Berücksichtigung der Reihenfolge per definitionem nicht definiert ist (Stichprobe ist Teilmenge) kann somit aufgrund der Realisierung dieser Auswahl durch Ziehungstechnik 2 gesagt werden:

---

y_i ist eine Zufallsvariable mit Realisationen $Y_1, \ldots, Y_N$, die das Ergebnis der i-ten gezogenen Einheit mißt, i = 1,2,...n .

Trotz dieser theoretisch und praktisch vorteilhaften Eigenschaft ist die Realisierung einer einfachen Zufallsauswahl mit der Ziehungstechnik 2 nur dann sinnvoll, wenn der Umfang N der Grundgesamtheit hinreichend klein ist. Man denke in diesem Zusammenhang beispielsweise an eine einfache Zufallsstichprobe aus der Bevölkerung der BRD.

Ziehungstechnik 3:   Zufallszahlen

Zufallszahlen (auch als "Urne auf Vorrat" bezeichnet) stellen eine weitere Möglichkeit zur technischen Realisierung von Zufallsstichproben dar.

Zur Auswahl verwendet man dabei Tabellen von Zufallszahlen (siehe Anhang B1), die gleichverteilte Ziffern aus der Menge {0,1,2,...,9} enthalten, d.h. jede Ziffer entspricht einer einfachen Zufallsauswahl von einer der zehn Ziffern aus {0,1,2,...,9}.

Durch Bildung von k-Tupeln in diesen Tabellen erhält man Zufallszahlen aus der Menge {0,1,2,...,10^k-1}, so daß mit geeignet gewähltem k Realisationen von gleichverteilten Zufallsvariablen aus der Menge {1,...,N} gewonnen werden können.

Beginnend von einer zufällig ausgewählten Zeile und Spalte der Tabelle bestimmt man dann n unterschiedliche Zahlen und wählt die Elemente U_i der Grundgesamtheit aus, deren Index i mit der bestimmten Zahl übereinstimmt.

Auch diese Technik erfordert eine eindeutige Indizierung der Elemente der Grundgesamtheit, läßt sich im allgemeinen aber wesentlich leichter realisieren als die oben beschriebenen Verfahren.

Ziehungstechnik 4: Pseudozufallszahlen aus Rechenvorschriften

Eine Modifizierung oder "Annäherung" an die Zufallszahlentechnik stellt die Auswahl per Pseudozufallszahlen dar. Diese Verfahren werden meist dann eingesetzt, wenn die Grundgesamtheit auf einem elektronischen Datenträger gespeichert ist (z.B. die Kundenkartei eines Versandhauses). Zur Verfahrensvereinfachung werden dann keine "echten" Zufallszahlen benutzt, sondern aus Rechenvorschriften generierte Ziffern, von denen man annimmt, daß sie gleichverteilten Zufallszahlen entsprechen.

Beispiele für solche Rechenvorschriften sind etwa die Pseudozufallszahlen k_i, i = 1,...,n, die gebildet werden durch

■ $k_i = (\pi + k_{i-1})^5 - \left[(\pi + k_{i-1})^5 \right]$, oder

■ durch die multiplikative Kongruenzmethode

$k_1' = a \cdot k_{i-1}' \pmod{m}$,

d.h. Ganzzahliger Rest der Division $\dfrac{a \cdot k_{i-1}'}{m}$,

und $k_i = k_i'/m$.

Bei der Arbeit mit solchen auch als Zufallszahlengeneratoren bezeichneten Verfahren muß darauf geachtet werden, daß die Annahme der Gleichverteilung ausreichend gewährleistet ist, und daß die durch den funktionalen Zusammenhang der erzeugten Ziffern entstehende Periodizität nicht zu kurz ist.

Für die multiplikative Kongruenzmethode gilt z.B. mit $a = 3$, $m = 5$ und Startwert $k_1' = 1$, daß

$$k_2' = 3 \cdot k_1' \bmod 5 = 3 \quad , \quad k_2 = 0.6 \quad ,$$

$$k_3' = 3 \cdot k_2' \bmod 5 = 4 \quad , \quad k_3 = 0.8 \quad ,$$

$$k_4' = 3 \cdot 4 \bmod 5 = 2 \quad , \quad k_4 = 0.4 \quad ,$$

$$k_5' = 3 \cdot 2 \bmod 5 = 1 \quad , \quad k_5 = 0.2 \quad ,$$

so daß hier keine vernünftige Auswahl realisiert werden würde.

Im Rahmen von Standardstatistiksoftware steht allerdings eine Reihe von brauchbaren Pseudozufallszahlengeneratoren zur Verfügung.

Ziehungstechnik 5: "Schwedenschlüssel"

Der Schwedenschlüssel ist eine in der Umfrageforschung oft eingesetzte Form der einfachen Zufallsauswahl einer Zielperson aus einem Haushalt. Durch den Schwedenschlüssel kann die Erstellung der Auswahlgrundlage und die Auswahl in einem Arbeitsgang bewältigt werden, so daß dieses Instrument zur Effektivität einer Umfrage beiträgt.

Der Schwedenschlüssel ist ein rechteckiges Schema von Zufallszahlen in der Form, daß in der j-ten Spalte gleichverteilte Zufallszahlen aus der Menge $\{1,2,\ldots,j\}$ stehen. Da die Zahl j die Anzahl der potentiellen Zielpersonen in der Grundgesamtheit "Haushalt" repräsentiert, hat ein Schwedenschlüssel in der Regel etwa zehn Spalten.

Die Anzahl der Zeilen ergibt sich aus der Zahl der Interviews, die von einem Interviewer durchgeführt werden sollen. Zur zufälligen Auswahl einer Person aus einem Haushalt geht man dann wie folgt vor.

Wird im i-ten Haushalt befragt, und in diesem wohnen j Personen, so ist bei einem Eintrag k an der Stelle (i,j) des Schwedenschlüssels die k-te Person nach einem vorher festgelegten Ordnungskriterium (z.B. Alter) zu befragen.

Ein Beispiel für einen solchen Zufallszahlenschlüssel ist folgende Tabelle:

Befragter	Anzahl der Personen in Haushalt							
Haushalt	1	2	3	4	5	6	7	8
A	1	2	3	1	3	5	6	4
B	1	1	3	2	1	6	3	2
C	1	2	2	3	1	3	4	6
D	1	2	1	2	4	4	7	6
E	1	2	2	4	5	2	1	5
F	1	2	1	2	3	5	4	8

Wohnen hiernach im Haushalt D vier Personen, so ist die nach dem Ordnungskriterium zweite Person zu befragen.

Prinzipiell ist die Auswahl mit Hilfe des Schwedenschlüssels äquivalent zu der mit reinen Zufallszahlen, die bei einer Haushaltsbefragung auch zur Anwendung kommen kann. Trotzdem wird der Schwedenschlüssel meist bevorzugt, da durch die Haushaltsbenennung einer Zeile die korrekte Auswahl einer Person besser kontrolliert werden kann. Bei reinen Zufallszahlen ist dagegen die Gefahr größer, daß der Interviewer sich zu seinen Gunsten irrt, d.h. daß er eine anwesende anstelle der eigentlich ausgewählten Person untersucht.

Der im übrigen etwas kuriose Name dieses Auswahlinstrumentes geht auf H.H. WOLF zurück, der Anfang der 50'er Jahre beim Aufbau der Hörerforschung des Nordwestdeutschen Rundfunks nach einem Verfahren suchte, Auskunftspersonen in Haushalten mit Rundfunkempfangsgenehmigung zufällig auszuwählen.

Bei dieser Suche stieß er auf einen Aufsatz von E.C. WILSON (1950), in dem über "Adapting Probability Sampling to Western Europe" berichtet wurde. In einem Abschnitt über Schweden wird das hier beschriebene Verfahren ausführlich behandelt, so daß Wolf diesen Namon für die von ihm praktizierte Auswahlmethode wählte (nach Arbeitsgemeinschaft Media-Analyse(1980)).

Mit den beschriebenen Techniken lassen sich einfache Zufallsstichproben realisieren, wenn durch sie aber auch verdeutlicht wird, daß es gewisse Grenzen bei der Erhebung geben wird, insbesondere dann, wenn sehr große Grundgesamtheiten vorliegen. Dies wird in den Kapiteln 4 und 5 dazu Anlaß geben, Modifizierungen der einfachen Auswahl einzuführen.

Zunächst werden aber ausgehend von der sehr anschaulichen Ziehungstechnik 2 die Eigenschaften der einfachen Zufallsstichprobe beschrieben. Hierzu sei als erstes angemerkt, daß man bei diesem Auswahlverfahren davon ausgeht, daß ohne Zurücklegen gezogen wird.

Alternativ ist natürlich auch eine Auswahl mit Zurücklegen denkbar, wenn also z.B. die Kugeln zurückgelegt oder Zufallszahlen mehrfach genutzt würden. Eine solche Vorgehensweise wird dann als einfache Zufallsauswahl mit Zurücklegen bezeichnet.

Unabhängig von der Ziehungstechnik existieren damit zwei Auswahlmodelle:

> ■ Ziehen ohne Zurücklegen aus einer endlichen Grundgesamtheit (nach jedem Zug verändert sich die Grundgesamtheit).
>
> ■ Ziehen mit Zurücklegen oder Ziehen aus einer unendlich großen Grundgesamtheit (die Zusammensetzung der Grundgesamtheit ändert sich nicht).

Das Ergebnis der Auswahl sind Zufallsvariablen $y_1,\ldots,y_n$, die Werte $Y_1,\ldots,Y_N$ annehmen können. Die zentralen Eigenschaften dieser Zufallsvariablen ergeben sich aus dem folgenden

Satz 3.6: Sei Π_i die Wahrscheinlichkeit, daß U_i und Π_{ij} die Wahrscheinlichkeit, daß U_i und U_j, $i \neq j$, $i,j = 1,\ldots,N$, in die Stichprobe gelangen. Dann gilt, falls alle Y_i, $i = 1,..,N$, voneinander verschieden sind

   (i) für das Modell ohne Zurücklegen:

   (a) für $k \in \{1,\ldots,N\}$ fest folgt, daß $P(y_i{=}Y_k) = P(y_j{=}Y_k) = \frac{1}{N}$ für alle $i,j \in \{1,\ldots,n\}$,

   d.h. $y_1,\ldots,y_n$ besitzen die gleiche Verteilung,

   (b) $\Pi_i = \frac{n}{N}$, $i = 1,\ldots,N$,

   (c) $\Pi_{ij} = \frac{n \cdot (n-1)}{N \cdot (N-1)}$, $i \neq j$, $i,j = 1,\ldots,N$,

(ii) für das Modell <u>mit</u> Zurücklegen:

(a) für $k \in \{1,\ldots,N\}$ fest folgt, daß $P(y_i{=}Y_k) = P(y_j{=}Y_k) = \frac{1}{N}$
    für alle $i,j \in \{1,\ldots,n\}$,
    d.h. $y_1,\ldots,y_n$ besitzen die gleiche Verteilung,

(b) für $k \neq \ell \in \{1,\ldots,N\}$ fest folgt, daß
    $P(y_i{=}Y_k \text{ und } y_j{=}Y_\ell) = P(y_i{=}Y_k) \cdot P(y_j{=}Y_\ell)$
    für alle $i \neq j \in \{1,\ldots,n\}$,
    d.h. $y_1,\ldots,y_n$ sind stochastisch unabhängig,

(c) $\Pi_i = \frac{n}{N}$, $i = 1,\ldots,N$,

(d) $\Pi_{ij} = \frac{n^2}{N^2}$, $i,j = 1,\ldots,N$.

Aus den Aussagen (c) dieses Satzes folgt, daß bei einer einfachen Zufallsauswahl jedes Element der Grundgesamtheit die gleiche Wahrscheinlichkeit besitzt in die Stichprobe zu gelangen (die Umkehrung dieser
Aussage gilt nicht, vgl. das Gegenbeispiel nach Definition 3.5).

Der Satz 3.6 hat natürlich auch dann Gültigkeit, wenn, wie beispielsweise
im homograden Fall, die Werte Y_k der Grundgesamtheit teilweise identisch
sind. Haben dann ℓ_k Elemente der Grundgesamtheit den gleichen Merkmalswert Y_k, so ist $P(y_i{=}Y_k) = \ell_k/N$ und obige Aussagen sind entsprechend zu
modifizieren, $i = 1,\ldots,n$, $k \in \{1,\ldots,N\}$.

Eine weitere wichtige Konsequenz ergibt sich aus den Teilen (i)(b) und
(i)(c) von Satz 3.6, denn hieraus folgt, daß $y_1,\ldots y_n$ im Falle der Auswahl ohne Zurücklegen stochastisch abhängig sind. Anschaulich ist dies
eine Folgerung aus der Tatsache, daß nach der Entnahme einer Untersuchungseinheit die Zusammensetzung der Grundgesamtheit in Abhängigkeit
von der entnommenen Einheit verändert ist, so daß die Zufallsvariablen
der folgenden Züge nicht mehr die selben Realisierungsmöglichkeiten haben.

Der Beweis des Satzes 3.6 kann direkt im Sinne der Ziehungstechnik 2
geführt werden:

Beweis:

(i) (a) Für k fest, k = 1,...,N , gilt

$$P(U_k \text{ im } 1.\text{Zug}) = P(y_1 = Y_k) = \frac{1}{N}$$

$$P(y_2 = Y_k) = P(y_1 = Y_k \text{ und } y_2 = Y_k) + P(y_1 \neq Y_k \text{ und } y_2 = Y_k)$$

$$= 0 + \frac{N-1}{N} \cdot \frac{1}{N-1} = \frac{1}{N}$$

$$\vdots$$

$$P(y_n = Y_k) = \ldots = \frac{N-1}{N} \cdot \frac{N-2}{N-1} \cdot \frac{N-3}{N-2} \cdot \ldots \cdot \frac{N-(n-1)}{N-(n-2)} \cdot \frac{1}{N-(n-1)} = \frac{1}{N} \quad .$$

(b) Es existieren insgesamt $\binom{N}{n}$ verschiedene Stichproben und $\binom{N-1}{n-1}$ verschiedene Stichproben, in denen U_i enthalten ist,

so daß gilt $\Pi_i = \dfrac{\binom{N-1}{n-1}}{\binom{N}{n}} = \dfrac{(N-1)! \ n! \ (N-n)!}{(n-1)! \ (N-n)! \ N!} = \dfrac{n}{N} \quad .$

(c) Da $\binom{N-2}{n-2}$ verschiedene Stichproben existieren, in denen U_i

und U_j enthalten sind, folgt $\Pi_{ij} = \dfrac{\binom{N-2}{n-2}}{\binom{N}{n}} = \dfrac{n \cdot (n-1)}{N \cdot (N-1)} \quad .$

(ii) analog zu (i).   XXX

Mit diesem Hilfsmittel ist es möglich, die mit der Stichprobenerhebung einhergehende Aufgabe der Angabe eines repräsentativen Ergebnisses zu lösen.

3.2 SCHÄTZVERFAHREN

Nach Forderung 3.1 ist das Ziel einer Stichprobenerhebung eine Beschreibung des unbekannten Parameters $\bar{Y}.$ aus der Stichprobe. Hierzu sollen aus der Stichprobe adäquate Schätzfunktionen angegeben werden.

Eine Schätzfunktion ist aber eine Zufallsvariable, da sie je nach Stichprobe (zufällig) verschiedene Werte annehmen kann. Gesucht werden also Schätzer $\hat{\bar{Y}}.$ für den Parameter $\bar{Y}.$.

Dazu sollen zunächst einige Bezeichnungen eingeführt werden.

Definition 3.7: Es bezeichnet

(a) in der Grundgesamtheit:

N — Umfang der Grundgesamtheit

U_i , $i = 1,\ldots,N$ — Untersuchungseinheit (Element der Grundgesamtheit)

Y_i , $i = 1,\ldots,N$ — interessierender (unbekannter) Merkmalswert von U_i

$\bar{Y}. := \dfrac{1}{N} \displaystyle\sum_{i=1}^{N} Y_i$ — Merkmalsdurchschnitt

$Y. := N \cdot \bar{Y}.$ — Merkmalssumme

$S_Y^2 := \dfrac{1}{N-1} \displaystyle\sum_{i=1}^{N} (Y_i - \bar{Y}.)^2$ — Merkmalsvarianz

$\mu_k := \dfrac{1}{N} \displaystyle\sum_{i=1}^{N} (Y_i - \bar{Y}.)^k$, $k = 2,3,\ldots$ — zentrales Moment der Ordnung k

(b) in der Stichprobe:

n $(1 < n \leq N)$ — Stichprobenumfang

u_i , $i = 1,\ldots,n$ — i-te ausgewählte Einheit

y_i , $i = 1,\ldots,n$ — (bekannter) Merkmalswert von u_i

$\bar{y}. := \dfrac{1}{n} \displaystyle\sum_{i=1}^{n} y_i$ — Stichprobenmittel

$s_y^2 := \dfrac{1}{n-1} \displaystyle\sum_{i=1}^{n} (y_i - \bar{y}.)^2$ — Stichprobenvarianz

Im Gegensatz zur üblichen Bezeichnungsweise in der Statistik gilt hier, wie in der Stichprobentheorie üblich, die Notationsregel:

Stichprobe	– – – Kleinbuchstaben
Grundgesamtheit	– – – Großbuchstaben

Die Angabe von Schätzfunktionen für den unbekannten Mittelwert $\bar{Y}.$ der

Grundgesamtheit kann nun direkt aus den Eigenschaften der Zufallsvariablen y_i, i=1,..,n, aus Satz 3.6 hergeleitet werden. Dazu formuliert
man zunächst das

Lemma 3.8: Für eine einfache Zufallsstichprobe ohne bzw. mit Zurücklegen
gilt:

(a) $E\, y_i = E\, y_1 = \bar{Y}.$, für alle i = 1,...,n ,

(b) $\operatorname{Var} y_i = \operatorname{Var} y_1 = \mu_2 = \dfrac{N-1}{N}\, S_Y^2$, für alle i = 1,...,n .

Beweis: Da $y_1,\ldots,y_n$ identisch verteilt sind, gilt $E\, y_i = E\, y_1$,
bzw. $\operatorname{Var} y_i = \operatorname{Var} y_1$, i = 1,...,n, und deshalb

(a) $E\, y_1 = \displaystyle\sum_{i=1}^{N} Y_i \cdot P(y_1{=}Y_i) = \sum_{i=1}^{N} Y_i \cdot \dfrac{1}{N} = \bar{Y}. \; ;$

(b) $\operatorname{Var} y_1 = \displaystyle\sum_{i=1}^{N} (Y_i - E\, y_1)^2 \cdot P(y_1{=}Y_i) = \dfrac{1}{N}\sum_{i=1}^{N}(Y_i - \bar{Y}.)^2$.

$$\text{XXX}$$

Damit können für die einfache Zufallsstichprobe in natürlicher Weise
Schätzfunktionen und deren Varianzen angegeben werden. Diese Ergebnisse
werden im folgenden Satz zusammengefaßt.

Satz 3.9: Für eine einfache Zufallsstichprobe gilt:

(i) bei Auswahl ohne Zurücklegen

(a) $\bar{y}.$ ist ein erwartungstreuer Schätzer für $\bar{Y}.$,

(b) $\operatorname{Var} \bar{y}. = \dfrac{1}{n}\left(1-\dfrac{n}{N}\right) S_Y^2 = \dfrac{1}{n}\left(1-\dfrac{n-1}{N-1}\right)\mu_2$,

(c) $\widehat{\operatorname{Var}}\, \bar{y}. := \dfrac{1}{n}\left(1-\dfrac{n}{N}\right) s_y^2$ ist ein erwartungstreuer
Schätzer für $\operatorname{Var} \bar{y}.$,

(ii) bei Auswahl mit Zurücklegen

(a) $\bar{y}.$ ist ein erwartungstreuer Schätzer für $\bar{Y}.$,

(b) $\operatorname{Var} \bar{y}. = \dfrac{1}{n}\left(1-\dfrac{1}{N}\right) S_Y^2 = \dfrac{1}{n}\mu_2$,

(c) $\overset{\wedge}{\text{Var}}\ \bar{y}. := \frac{1}{n}\, s_y^2$ ist ein erwartungstreuer Schätzer
für Var $\bar{y}$. .

In Satz 3.9 wird die Vorgehensweise zur repräsentativen Schätzung des
unbekannten Mittelwerts zusammengefaßt, so daß die Aussagen von zentraler Bedeutung sind. Insbesondere ist hier festzuhalten, daß der Erwartungswert der Zufallsvariablen $\bar{y}$. der unbekannte Parameter $\bar{Y}$. ist und
somit das erste Gütekriterium zur Schätzerkonstruktion durch die einfache Zufallsauswahl erfüllt wird.

Da S_Y^2 unbekannt ist, ist auch Varianz des Schätzers unbekannt, und muß
durch die entsprechende Stichprobengröße geschätzt werden. Auch diese
Schätzung kann erwartungstreu erfolgen. Dabei gibt die Varianz (-schätz-
ung) zudem Aufschluß über die unterschiedlichen Auswirkungen der Auswahl
mit bzw. ohne Zurücklegen, denn es gilt

$$\text{Var}_{o.Z.} \le \text{Var}_{m.Z.}\ ,$$

was zum Ausdruck bringt, daß durch eine Auswahl mit Zurücklegen aufgrund
der Möglichkeit der Mehrfacherhebung derselben Untersuchungseinheit ein
Genauigkeitsverlust hinzunehmen ist.

Betrachtet man zur Darstellung dieses Genauigkeitsverlustes

$$\text{Var}_{o.Z.}\bar{y}. = (1 - \frac{n-1}{N-1}) \cdot \text{Var}_{m.Z.}\bar{y}.\ ,$$

so hat man mit dem Faktor $(1 - \frac{n-1}{N-1})$ eine Größe, die zur Charakterisierung
des Unterschiedes der Auswahlmodelle mit und ohne Zurücklegen herangezo-
gen werden kann. Für $\frac{n-1}{N-1} \longrightarrow 0$, d.h. für einen unendlich großen Umfang
der Grundgesamtheit kann damit also immer von einer Auswahl mit Zurück-
legen ausgegangen werden. Deshalb führt man ein

Definition 3.10: Die Größe $(1 - \frac{n-1}{N-1})$ heißt <u>Endlichkeitskorrektur</u> und die
Größe $f := \frac{n}{N}$ heißt <u>Auswahlsatz</u>.

Welche Konsequenzen dieser Korrekturfaktor hat, mag das folgende hypo-
thetische Beispiel zu einer Bevölkerungsumfrage zeigen.

Beispiel: Bei der Erhebung eines Merkmals in einer Bevölkerungsumfrage soll folgende Situation zugrunde liegen.

	Castrop-Rauxel	Dortmund	BRD
N	80.000	600.000	60.000.000
n	1.000	1.000	1.000
Varianz	S_Y^2	S_Y^2	S_Y^2
Var($\bar{y}$.)	$\frac{1}{1.000}(1-\frac{1.000}{80.000})S_Y^2$	$\frac{1}{1.000}(1-\frac{1.000}{600.000})S_Y^2$	$\frac{1}{1.000}(1-\frac{1.000}{60.000.000})S_Y^2$
	$=\frac{1}{1.000}\cdot 0.9875\ S_Y^2$	$=\frac{1}{1.000}\cdot 0.99833\ S_Y^2$	$=\frac{1}{1.000}\cdot 0.999983\ S_Y^2$

Die "Genauigkeit" des Schätzers für $\bar{Y}$. ist somit in allen Fällen (nahezu) gleich, so daß unabhängig von der Größe der Grundgesamtheit mit einer Stichprobe vom Umfang n = 1.000 analoge Ergebnisse erzielt werden können.

Zum Beweis von Satz 3.9 können die Regeln zum Berechnen von Erwartungswerten und Varianzen für diskrete Zufallsvariablen aus Kapitel 2 verwendet werden.

Beweis:

(i) (a) $E\ \bar{y}. = E(\frac{1}{n}\sum_{i=1}^{n} y_i) = \frac{1}{n}\sum_{i=1}^{n} E\ y_i = \frac{1}{n}\sum_{i=1}^{n} \bar{Y}. = \bar{Y}.$.

(b) Für die Varianz von $\bar{y}$. gilt

$$\text{Var}\ \bar{y}.= \text{Var}(\frac{1}{n}\sum_{i=1}^{n} y_i) = \frac{1}{n^2} \text{Var} \sum_{i=1}^{n} y_i$$

$$= \frac{1}{n^2}\cdot\left\{\sum_{i=1}^{n} \text{Var}\ y_i + \sum_{\substack{i=1\\i\neq j}}^{n}\sum_{j=1}^{n} \text{Kov}(y_i,y_j)\right\} ,$$

so daß man die Kovarianzen zwischen y_i und y_j ermitteln muß. Hierfür gilt

$$\text{Kov}(y_i,y_j) = E\ y_i y_j - E\ y_i\ E\ y_j$$

$$= \sum_{\substack{i=1\\i\neq j}}^{N}\sum_{j=1}^{N}\left(Y_i Y_j \cdot \frac{1}{N\cdot(N-1)}\right) - \bar{Y}_{\cdot}^2$$

$$= \frac{1}{N \cdot (N-1)} \sum_{i=1}^{N} Y_i \sum_{\substack{j=1 \\ j \neq i}}^{N} Y_j - \bar{Y}_\cdot^2$$

$$= \frac{1}{N \cdot (N-1)} \sum_{i=1}^{N} Y_i \, (N \cdot \bar{Y}_\cdot - Y_i) - \bar{Y}_\cdot^2$$

$$= \frac{1}{N \cdot (N-1)} (N \cdot \bar{Y}_\cdot \cdot N \cdot \bar{Y}_\cdot - \sum_{i=1}^{N} Y_i^2) - \bar{Y}_\cdot^2$$

$$= \frac{1}{N \cdot (N-1)} (N^2 \cdot \bar{Y}_\cdot^2 - \sum_{i=1}^{N} Y_i^2 - N^2 \cdot \bar{Y}_\cdot^2 + N \cdot \bar{Y}_\cdot^2)$$

$$= -\frac{1}{N-1} (\frac{1}{N} \sum_{i=1}^{N} Y_i^2 - \bar{Y}_\cdot^2)$$

$$= -\frac{1}{N-1} \cdot \frac{1}{N} \sum_{i=1}^{N} (Y_i - \bar{Y}_\cdot)^2$$

$$= -\frac{1}{N-1} \cdot \frac{N-1}{N} \cdot S_Y^2$$

$$= -\frac{1}{N-1} \cdot \text{Var } y_1 \quad .$$

Die Varianz von $\bar{y}_\cdot$ berechnet man somit zu

$$\text{Var } \bar{y}_\cdot = \frac{1}{n^2} \cdot \{ n \cdot \text{Var } y_1 - n \cdot (n-1) \cdot \frac{1}{N-1} \text{Var } y_1 \}$$

$$= \frac{1}{n} \text{Var } y_1 \left(1 - \frac{n-1}{N-1} \right)$$

$$= \frac{1}{n} \left(1 - \frac{n-1}{N-1} \right) \cdot \frac{N-1}{N} \cdot S_Y^2$$

$$= \frac{1}{n} \left(1 - \frac{n}{N} \right) \cdot S_Y^2 \quad .$$

(c) Zu zeigen ist, daß

$$E(s_y^2) = E \left(\frac{1}{n-1} \sum_{i=1}^{n} (y_i - \bar{y}_\cdot)^2 \right) = S_Y^2 \quad .$$

Mit dem Verschiebungssatz 2.12 (a) erhält man dazu

$$E \, \bar{y}_\cdot^2 = \text{Var } \bar{y}_\cdot + \left(E \, \bar{y}_\cdot \right)^2$$

$$= \frac{1}{n} (1-f) \cdot S_Y^2 + \bar{Y}_\cdot^2 \quad ,$$

so daß mit dem Ausdruck

$$E \, y_i^2 = \frac{1}{N} \sum_{j=1}^{n} Y_j^2$$

für den Erwartungswert der Stichprobenvarianz folgt

$$E(s_y^2) = E\left(\frac{1}{n-1}\sum_{i=1}^{n}(y_i-\bar{y}.)^2\right) = E\left(\frac{1}{n-1}\left(\sum_{i=1}^{n}y_i^2 - n\cdot\bar{y}.^2\right)\right)$$

$$= \frac{1}{n-1}\left(\sum_{i=1}^{n}E\,y_1^2 - n\cdot E\,\bar{y}.^2\right)$$

$$= \frac{1}{n-1}\left(n\cdot\frac{1}{N}\sum_{j=1}^{N}Y_j^2 - n\cdot\frac{1}{n}(1-f)\cdot S_Y^2 - n\cdot\bar{Y}.^2\right)$$

$$= \frac{n}{n-1}\left(\frac{1}{N}\sum_{j=1}^{N}(Y_j-\bar{Y}.)^2 - \frac{1}{n}(1-f)\cdot S_Y^2\right)$$

$$= \frac{n}{n-1}\left(\frac{N-1}{N}\cdot S_Y^2 - \frac{1}{n}(1-\frac{n}{N})\cdot S_Y^2\right)$$

$$= S_Y^2\cdot\left(\frac{n\cdot(N-1)}{(n-1)\cdot N} - \frac{n\cdot(N-n)}{(n-1)\cdot n\cdot N}\right)$$

$$= S_Y^2\cdot\frac{n\cdot N-n - N+n}{n\cdot N - N}$$

$$= S_Y^2\quad .$$

(ii) Dieser Teil des Satzes 3.9 wird analog zu Teil (i) hergeleitet, wobei der Beweis von (b) und (c) durch die stochastische
Unabhängigkeit der Zufallsvariablen $y_1,\ldots,y_n$ erleichtert
wird, denn hier gilt nach Satz 2.24, daß Kov $(y_i,y_j) = 0$.

XXX

Die Darstellung in Satz 3.9 geht implizit davon aus, daß der <u>heterograde</u>
<u>Fall</u> vorliegt. Setzt man nun

$$Y_i = \begin{cases}1, & \text{falls } U_i \text{ eine bestimmte Eigenschaft hat}\\ 0 & \text{sonst}\end{cases}, \quad i=1,\ldots,N,$$

$$y_i = \begin{cases}1, & \text{falls } u_i \text{ eine bestimmte Eigenschaft hat}\\ 0 & \text{sonst}\end{cases}, \quad i=1,\ldots,n,$$

so kann man obige Ergebnisse in den <u>homograden</u> Fall überführen.

Haben M der U_i die interessierende Eigenschaft, dann ist

$$\bar{Y}. = \frac{1}{N}\sum_{i=1}^{N}Y_i = \frac{M}{N} =: P,$$

und bezeichnet man für die Stichprobe analog

$$\bar{y}. = \frac{1}{n} \sum_{i=1}^{n} y_i = \frac{m}{n} =: p \; ,$$

so gilt nach Abschnitt 2.4.1 und 2.4.2

<u>Lemma 3.11</u>: Bei der Schätzung von Anteilswerten ist

(a) $\sum_{i=1}^{n} y_i \sim H(N,n,P)$ bei Auswahl ohne Zurücklegen,

(b) $\sum_{i=1}^{n} y_i \sim B(n,P)$ bei Auswahl mit Zurücklegen.

Damit läßt sich direkt eine dem Satz 3.9 analoge Version für den homo-graden Fall, d.h. für die repräsentative Schätzung von Anteilen angeben.

<u>Folgerung 3.12</u>: Bei der Schätzung von Anteilswerten mit einer einfachen Zufallsstichprobe gilt:

(i) bei Auswahl <u>ohne</u> Zurücklegen

(a) $p := \frac{m}{n}$ ist ein erwartungstreuer Schätzer für P ,

(b) $\operatorname{Var} p = \frac{1}{n} \cdot \left(\frac{N-n}{N-1}\right) \cdot P \cdot (1-P)$,

(c) $\widehat{\operatorname{Var}} p := (1 - \frac{n}{N}) \cdot \frac{1}{n-1} \cdot p \cdot (1-p)$ ist ein erwartungstreuer Schätzer für Var p ,

(ii) bei Auswahl <u>mit</u> Zurücklegen

(a) $p := \frac{m}{n}$ ist ein erwartungstreuer Schätzer für P ,

(b) $\operatorname{Var} p = \frac{1}{n} \cdot P \cdot (1-P)$,

(c) $\widehat{\operatorname{Var}} p := \frac{1}{n-1} \, p \cdot (1-p)$ ist ein erwartungstreuer Schätzer für Var p .

Zusätzlich zu den Anmerkungen zu Satz 3.9 läßt sich für die Varianz als Maß für die Schätzgenauigkeit von p im homograden Fall die folgende Dar-stellung angeben

Var p = Faktor · P(1–P) =: Faktor · f(P) .

Da f(P) := P·(1–P) für P = 0.5 das Maximum annimmt, bedeutet dies, daß wahre Anteile um P = 0.5 die höchsten Varianzen implizieren (vgl. auch Abb.3.5).

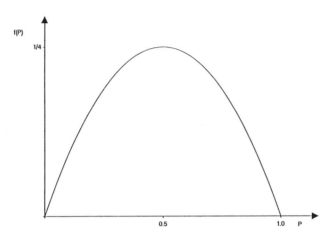

Abb. 3.5:   Funktionsgraph von P ↦ f(P):= P·(1–P)

Im Gegensatz dazu gilt für den Variationskoeffizienten CV(p)

$$
CV(p) = \frac{\sqrt{\text{Var } p}}{E\ p} = \frac{\sqrt{\frac{1}{n}\left(\frac{N-n}{N-1}\right)\cdot P(1-P)}}{\sqrt{P^2}} = \text{Faktor} \cdot \sqrt{\frac{1-P}{P}}
$$

$$
=: \text{Faktor} \cdot g(P) ,
$$

d.h. der Variationskoeffizient ist im wesentlichen eine monoton fallende Funktion in Abhängigkeit von P, so daß bezogen auf den Erwartungswert die Variabilität bei kleinen Anteilen P wächst (vgl. auch die Abb. 3.6).

Diese Streuungsphänomene sind unter anderem bei Wahlvorhersagen von großer Bedeutung, denn es gibt wenige große Parteien und viele kleine Parteien, die von der 5 % – Klausel betroffen sind.

Um die vorliegenden Ergebnisse weiter zu veranschaulichen, werden die Aussagen aus 3.9 bzw. 3.12 im folgenden an einem Beispiel verdeutlicht.

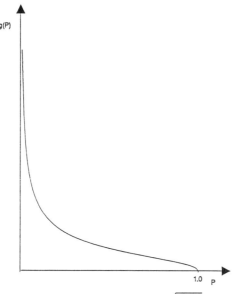

Abb. 3.6: Funktionsgraph von $P \mapsto g(P) := \sqrt{\dfrac{1-P}{P}}$

Beispiel: Grundlage dieses Beispiels stellt die Grundgesamtheit der
         Teilnehmer einer Vorlesung einer bundesdeutschen Hochschule dar
         (inwieweit diese Veranstaltungsteilnehmer wiederum repräsentativ
         für die Grundgesamtheit aller Studierender in der BRD ist, mag der
         Leser selbst entscheiden). Das komplette Verzeichnis aller Teilneh-
         mer und deren Antworten zu den vier ausgesuchten Merkmalen

         – Geschlecht (homograder Fall),
         – Körpergröße (heterograder Fall),
         – Jeansträger am Erhebungstag (homograder Fall),
         – leidenschaftlicher Hamburger-Esser (homograder Fall), sowie

         die durch eine einfache Zufallsstichprobe ausgewählten Personen
         sind dem Anhang A zu entnehmen.

         Im einzelnen gilt, daß aus der Grundgesamtheit der N = 63 Teilneh-
         mer U_i, i = 1,...,N, der Veranstaltung n = 10 Teilnehmer u_i, i =
         1,...,n, mittels einfacher Zufallsstichprobe entnommen worden
         sind. Für die vier betrachteten Merkmale erhält man damit als
         Schätzwerte für den Mittelwert der Körpergröße, die Anteile der
         homograden Merkmale, sowie deren Varianzen und Varianzschätzer (zum

Vergleich der Ergebnisse siehe Anhang A):

☐ Merkmalswerte $Y_i \stackrel{\wedge}{=}$ Körpergröße in cm von U_i, $i = 1, \ldots, N$:

$$\bar{y}. = \frac{1}{n} \sum_{i=1}^{n} y_i = 179.50 \; ,$$

$$\text{Var } \bar{y}. = \frac{1}{n} (1 - \frac{n}{N}) \cdot S_Y^2 \; , \text{ unbekannt } ,$$

$$\stackrel{\wedge}{\text{Var}} \bar{y}. = \frac{1}{n} (1 - \frac{n}{N}) \cdot s_y^2 = 7.2918 \; ;$$

☐ Merkmalswerte $X_i = \begin{cases} 1, \text{ falls } U_i \text{ Jeansträger, } i = 1, \ldots, N : \\ 0 \text{ sonst} \end{cases}$

$$p_x = \frac{m}{n} = \frac{8}{10} \; ,$$

$$\text{Var } p_x = \frac{1}{n} \frac{N-n}{N-1} \cdot P_X (1 - P_X) \; , \text{ unbekannt } ,$$

$$\stackrel{\wedge}{\text{Var}} p_x = (1 - \frac{n}{N}) \cdot \frac{1}{n-1} \cdot p_x (1 - p_x) = 0.0150 \; ;$$

☐ Merkmalswerte $Z_i = \begin{cases} 1, \text{ falls } U_i \text{ weiblich, } i = 1, \ldots, N : \\ 0 \text{ sonst} \end{cases}$

$$p_z = \frac{4}{10} \; ,$$

$$\text{Var } p_z \text{ unbekannt } ,$$

$$\stackrel{\wedge}{\text{Var}} p_z = 0.0224 \; ;$$

☐ Merkmalswerte $H_i = \begin{cases} 1, \text{ falls } U_i \text{ Hamburger-Esser, } i = 1, \ldots, N : \\ 0 \text{ sonst} \end{cases}$

$$p_h = \frac{1}{10} \; ,$$

$$\text{Var } p_h \text{ unbekannt } ,$$

$$\stackrel{\wedge}{\text{Var}} p_h = 0.0084 \; .$$

Für die Varianzschätzer im homograden Fall ergeben sich größere Werte, je näher der Anteilschätzer dem Wert 0.5 ist. So gilt z.B. für die Schätzer p_h und p_z die Beziehung

$$\stackrel{\wedge}{\text{Var}} p_h < \stackrel{\wedge}{\text{Var}} p_z \; .$$

Demgegenüber ergibt sich für die Variationskoeffizienten dieser Schätzfunktionen

$$\frac{\sqrt{\hat{Var}\ p_h}}{p_h} = 0.9165 > 0.3742 = \frac{\sqrt{\hat{Var}\ p_z}}{p_z}\ .$$

3.3 VERTEILUNGSAUSSAGEN

In die bisherigen Ausführungen zur Entnahme einfacher Zufallsstichproben
gehen keine Verteilungsannahmen ein, d.h. die Werte $Y_1, \ldots, Y_N$ der Grundgesamtheit können eine beliebige Struktur besitzen, so daß die Zufallsvariablen $y_1, \ldots, y_n$ demzufolge einer beliebigen, wenn auch diskreten
Verteilungsklasse zugehörig sind.

Diese Annahmen haben keinerlei Konsequenzen für die Angabe von Schätzern
für die unbekannten Parameter der Grundgesamtheit. Will man dagegen aber
weitere Aussagen machen, beispielsweise durch Angabe von Konfidenzinter-
vallen für die Grundgesamtheitsparameter, so ist es notwendig, die Verteilungen der Schätzfunktionen zu kennen bzw. sinnvoll anzunähern.

Kennt man die Verteilung einer Schätzfunktion nicht, so wird in analogen
Situationen im Rahmen der statistischen Methodik dann oftmals vom Zentralen Grenzwertsatz Gebrauch gemacht und ausgehend von der asymptotischen Normalität eines Schätzers ein Konfidenzintervall entwickelt.

Beim Zentralen Grenzwertsatz 2.27 wird aber vorausgesetzt, daß die Zufallsvariablen $y_1, y_2, y_3, \ldots$ eine unendliche Folge stochastisch unabhän-
giger Größen darstellt. Diese Voraussetzung gilt bei einer einfachen Zufallsstichprobe ohne Zurücklegen nach Satz 3.9 nicht, denn $y_1, \ldots, y_n$
sind stochastisch abhängig und n ist endlich. Dennoch ist nach HAJEK
(1960) eine entsprechende Grenzwertaussage möglich.

Dazu betrachtet man eine Folge von Urnen des Umfangs N_ν aus denen jeweils eine einfache Zufallsstichprobe vom Umfang n_ν gezogen wird, wobei
$n_\nu \to \infty$ und $(N_\nu - n_\nu) \to \infty$, falls $\nu \to \infty$. In dieser Situation gilt der
Zentrale Grenzwertsatz für einfache Zufallsstichproben.

<u>Satz 3.13</u>:

Mit $\bar{y}_{\nu} := \dfrac{1}{n_{\nu}} \sum\limits_{i=1}^{n_{\nu}} y_{\nu i}$ gilt die asymptotische Normalität

$$\frac{\bar{y}_{\nu} - E\,\bar{y}_{\nu}}{\sqrt{\operatorname{Var}\,\bar{y}_{\nu}}} \quad\xrightarrow[\nu\to\infty]{}\quad N(0,1)$$

dann und nur dann, wenn

$$\lim_{\nu\to\infty} \frac{\sum\limits_{i\in I_{\nu\tau}} (Y_{\nu i} - \bar{Y}_{\nu .})^2}{\sum\limits_{i\in I_{\nu}} (Y_{\nu i} - \bar{Y}_{\nu .})^2} = 0 \quad,$$

wobei $I_{\nu} := \{1,\ldots,N_{\nu}\}$ und

$$I_{\nu\tau} := \left\{ i \in I_{\nu} : \ |Y_{\nu i} - \bar{Y}_{\nu .}| > \tau \ \sqrt{\operatorname{Var}\,(n_{\nu}\cdot\bar{y}_{\nu .})} \ \right\} \ .$$

Der Beweis dieses Satzes ist sehr langwierig und verlangt vertiefte Kenntnisse der Wahrscheinlichkeitstheorie, so daß an dieser Stelle darauf verzichtet und auf HAJEK(1960) verwiesen wird (vgl. auch STENGER (1986)).

Die sogenannte Bedingung vom Lindeberg-Typ, die notwendig und hinreichend für die Normalität des Mittelwertschätzers ist, ist in der Praxis allerdings wenig konstruktiv, wenngleich sie besagt, daß man desto eher von einer Normalverteilung ausgehen kann, je weniger die Merkmalswerte der Grundgesamtheit streuen. Deshalb ergibt sich wie bei allen Ergebnissen der asymptotischen Statistik die Frage, ob man in einer finiten Anwendungssituation von dem asymptotischen Ergebnis Gebrauch machen darf oder nicht.

Da es aber keine allgemein gültigen Regeln für eine Übertragung dieser Ergebnisse gibt, führt dies dann üblicherweise zu Formulierungen wie:

Sind n und N "ausreichend" groß, so gilt $\bar{y}. \underset{\text{ungefähr}}{\sim} N\!\left(\bar{Y}. \ , \ \dfrac{1}{n}\cdot(1-f)\cdot S_Y^2\right).$

Als Faustregel mag man somit fordern, daß zur Anwendung von Satz 3.13 $n > 50$ und $f < 0.05$ gelten sollte, wobei auch diese "Regel" nur orientierenden Charakter haben kann (vgl. auch COCHRAN(1977)).

3.4 KONFIDENZINTERVALLE

Nach Kapitel 3.3 kann man annehmen, daß für genügend großes n und N ungefähr gilt

$$\bar{y}. \sim N\left(\bar{Y}. \,, \text{Var } \bar{y}.\right) \,.$$

Mit dieser Annäherung läßt sich nun ein $(1-\alpha)$-Konfidenzintervall für den unbekannten Mittelwert $\bar{Y}.$ der Grundgesamtheit angeben, denn obige Beziehung führt durch Standardisierung (vgl. hierzu auch die Ausführungen in Abschnitt 2.4.3) zu

$$\frac{\bar{y}.-\bar{Y}.}{\sqrt{\text{Var } \bar{y}.}} \sim N\left(0,1\right) \,,$$

so daß für die standardisierte Zufallsvariable gilt

$$1 - \alpha \approx P\left(-u_{1-\alpha/_2} \leq \frac{\bar{y}.-\bar{Y}.}{\sqrt{\text{Var } \bar{y}.}} \leq u_{1-\alpha/_2}\right)$$

$$= P\left(\bar{y}.-u_{1-\alpha/_2}\cdot \sqrt{\text{Var } \bar{y}.} \leq \bar{Y}. \leq \bar{y}.+u_{1-\alpha/_2}\cdot \sqrt{\text{Var } \bar{y}.}\right).$$

Dieser Übergang gilt auch für die Merkmalssumme, denn

$$N\cdot\bar{y}. \sim N\left(\bar{Y}. \,, N^2\cdot\text{Var } \bar{y}.\right) \,,$$

so daß insgesamt folgt:

Folgerung 3.14: Bei einer einfachen Zufallsauswahl ohne Zurücklegen ist

(a) $\left[\bar{y}.-u_{1-\alpha/_2}\cdot \sqrt{\frac{1}{n}(1-f)\cdot s_y^2} \,; \bar{y}.+u_{1-\alpha/_2}\cdot \sqrt{\frac{1}{n}(1-f)\cdot s_y^2}\right]$

ein ungefähres $(1-\alpha)$-Konfidenzintervall für $\bar{Y}.$,

(b) $\left[N\cdot\bar{y}.-u_{1-\alpha/_2}\cdot\sqrt{\dfrac{N^2}{n}(1-f)\cdot s_y^2} \quad ; \quad N\cdot\bar{y}.+u_{1-\alpha/_2}\cdot\sqrt{\dfrac{N^2}{n}(1-f)\cdot s_y^2} \right]$

ein ungefähres $(1-\alpha)$-Konfidenzintervall für Y. .

Die Konfidenzintervalle aus 3.14 halten das Niveau $(1-\alpha)$ nur approxima-
tiv ein, denn einerseits basiert ihre Entwicklung auf einer asymptotischen Aussage, und andererseits mußte in ihnen die unbekannte Varianz
S_Y^2 der Grundgesamtheit durch ihre erwartungstreue Schätzung s_y^2 ersetzt
werden. Dennoch sind die angegebenen Intervalle von großer praktischer
Bedeutung und werden in der Regel den darzustellenden Sachverhalt in
ausreichendem Maße widerspiegeln.

Die Darstellung in 3.14 zeigt, daß der jeweilige erwartungstreue Schätzer für den unbekannten Parameter in der Mitte des zu konstruierenden
Intervalls liegt und dazu eine gewisse Ungenauigkeitsgröße addiert bzw.
davon subtrahiert wird. Das gibt Anlaß zu der folgenden Notation

Definition 3.15:

(a) $e_{abs.}(\bar{y}.) := \sqrt{\text{Var }\bar{y}.}$ heißt absoluter Standardfehler von $\bar{y}.$,

(b) $e_{rel.}(\bar{y}.) := \dfrac{\sqrt{\text{Var }\bar{y}.}}{\bar{Y}.}$ heißt relativer Standardfehler von $\bar{y}.$.

Beispiel: Für die bereits erwähnte einfache Zufallsstichprobe aus einer
Lehrveranstaltung (siehe Abschnitt 3.2 und Anhang A) lassen sich
die folgenden geschätzten Standardfehler und Konfidenzintervalle
angeben, wenn man von den Berechnungen aus Abschnitt 3.2 ausgeht,
und anstelle der unbekannten Parameter der Grundgesamtheit die bekannten Stichprobenrealisationen einsetzt.

☐ Betrachtet man im heterograden Fall die Körpergröße als interessierenden Merkmalswert, so erhält man:

$\bar{y}. = 179.50$ und $\overset{\wedge}{\text{Var }}\bar{y}. = 7.2918$, so daß $\hat{e}_{abs.}(\bar{y}.) = 2.7003$.

Mit $(1-\alpha) = 0.95$, d.h. $u_{1-\alpha/2} = 1.96$ (vgl. Anhang B2), folgt da-
damit für das (ungefähre) 0.95-Konfidenzintervall für den unbekannten Mittelwert $\bar{Y}.$

$$\left[179.50-1.96\cdot2.7003 \; ; \; 179.50+1.96\cdot2.7003\right] = \left[174.2074;184.7927\right] \; .$$

☐ Im homograden Fall der Schätzung des Anteils P_X der Jeansträger gilt

$$p_X = 0.8 \quad \text{und} \quad \overset{\wedge}{\text{Var}} \; p_X = 0.0150 \; , \; \text{so daß} \; \hat{e}_{abs.}(p_X) = 0.1225 \; .$$

Damit ergibt sich für das 0.95-Konfidenzintervall für den unbekannten Anteil P_X

$$\left[0.8-1.96\cdot0.1225 \; ; \; 0.8+1.96\cdot0.1225\right] = \left[0.5600 \; ; \; 1.0400\right]$$

☐ Bei der Schätzung des Geschlechtsanteils P_Z erhält man analog

$$p_Z = 0.4 \quad \text{und} \quad \overset{\wedge}{\text{Var}} \; p_Z = 0.0224 \; , \; \text{so daß} \; \hat{e}_{abs.}(p_Z) = 0.1497 \; ,$$

und man berechnet als 0.95-Konfidenzintervall für P_Z die Menge

$$\left[0.4-1.96\cdot0.1497 \; ; \; 0.4+1.96\cdot0.1497\right] = \left[0.1067 \; ; \; 0.6933\right] \; .$$

☐ Für die Schätzung des Anteils P_H der Hamburger-Esser ermittelt man

$$p_h = 0.1 \quad \text{und} \quad \overset{\wedge}{\text{Var}} \; p_h = 0.0084 \; , \; \text{d.h.} \; \hat{e}_{abs.}(p_h) = 0.0917 \; ,$$

sowie ein 0.95-Konfidenzintervall von

$$\left[0.1-1.96\cdot0.0917 \; ; \; 0.1+1.96\cdot0.0917\right] = \left[-0.0796 \; ; \; 0.2796\right] \; .$$

Man beachte, daß bei dieser Beispielerhebung trotz der kaum zu rechtfertigenden Gültigkeit der asymptotischen Aussagen (n=10 und N=63) die Verhältnisse in der Grundgesamtheit relativ stabil geschätzt werden können (siehe Anhang A, in dem das komplette Verzeichnis der Grundgesamtheit enthalten ist). Daß das 0.95-Niveau nicht immer eingehalten wird, drückt sich hierbei nur in der Über- bzw. Unterschreitung der natürlichen Konfidenzgrenzen Null und Eins der Anteilschätzung für P_X bzw. P_H aus.

3.5 BESTIMMUNG DES NOTWENDIGEN STICHPROBENUMFANGS

Bei der Konstruktion eines Konfidenzintervalls hatte man den Stichprobenumfang n, die Standardabweichung s_y und das Niveau $(1-\alpha)$ vorgegeben
und daraus die Länge des Intervalls bzw. den Standardfehler (absolut
oder relativ) berechnet. Umgekehrt kann man sich aber auch einen tole-
rierbaren Fehler vorgeben und dann den Stichprobenumfang ermitteln, der
zum vorgegebenen Intervall führt.

Zur Bestimmung des notwendigen Stichprobenumfangs n^* im heterograden
Fall gibt man sich dann einen maximalen relativen Fehler r, dem relativen Standardfehler der Schätzung entsprechend, vor. Mit dieser Vorgabe
soll dann gelten

$$P\left(\left| \frac{\bar{y}. - \bar{Y}.}{\bar{Y}.} \right| \leq r \right) = 1-\alpha \ ,$$

bzw.

$$P\left(\left| \frac{\bar{y}. - \bar{Y}.}{\sqrt{\text{Var } \bar{y}.}} \right| \leq \frac{r \cdot \bar{Y}.}{\sqrt{\text{Var } \bar{y}.}} \right) = 1-\alpha \ \ .$$

Wegen des Zentralen Grenzwertsatzes für einfache Zufallsstichproben 3.13
gilt dies ungefähr, falls

$$\frac{r \cdot \bar{Y}.}{\sqrt{\text{Var } \bar{y}.}} = u_{1-\alpha/2} \ ,$$

so daß zur Ermittlung eines notwendigen Stichprobenumfangs n^* diese
Gleichung nach n aufgelöst werden muß, d.h.

$$r \cdot \bar{Y}. = u_{1-\alpha/2} \cdot \sqrt{\frac{1}{n} \left(1 - \frac{n}{N}\right) \cdot S_Y^2} \ \ .$$

Quadrieren und explizites Auflösen nach n führt dann mit $u = u_{1-\alpha/2}$ zu

$$n = \frac{1}{\left(\dfrac{r \cdot \bar{Y}.}{u \cdot S_Y}\right)^2 + \dfrac{1}{N}} = \frac{\left(\dfrac{u \cdot S_Y}{r \cdot \bar{Y}.}\right)^2}{1 + \dfrac{1}{N}\left(\dfrac{u \cdot S_Y}{r \cdot \bar{Y}.}\right)^2} \quad .$$

Aus der ungefähren Normalverteilung des Mittelwertes $\bar{y}.$ einer einfachen Zufallsstichprobe ergibt sich damit die

<u>Folgerung 3.16</u>: Bei einer einfachen Zufallsstichprobe ohne Zurücklegen gilt

(a) als erste Näherung für den Stichprobenumfang, der notwendig ist bei einem Niveau von $(1-\alpha)$ einen relativen Standardfehler kleiner r zu garantieren

$$n_0 = \left(\frac{u_{1-\alpha/_2} \cdot S_Y}{r \cdot \bar{Y}.}\right)^2 \quad ,$$

wobei S_Y und $\bar{Y}.$ sinnvoll ersetzt werden müssen.

(b) Ist $\dfrac{n_0}{N}$ "groß", so gilt für den notwendigen Stichprobenumfang

$$n^* = \frac{n_0}{1 + \dfrac{n_0}{N}} \quad .$$

<u>Beispiel</u>: Hat man beispielsweise bezogen auf die bereits erwähnte einfache Zufallsstichprobe aus den Teilnehmern einer Vorlesung (vgl. Abschnitt 3.2, Abschnitt 3.4 und Anhang A) für das interessierende Merkmal <u>Körpergröße</u> die Vorinformation $S_Y^2 \approx 90$ und fordert $r \cdot \bar{Y}. \leq 2.5$ cm, sowie $(1-\alpha) = 0.95$, dann erhält man als erste Annäherung den notwendigen Stichprobenumfang

$$n_0 = \left(\frac{1.96 \cdot \sqrt{90}}{2.5}\right)^2 = 55.3190 \quad .$$

Da für diesen Wert $\dfrac{n_0}{N} = 0.8457$ sehr groß ist, ergibt sich

$$n^* = \frac{55.3190}{1 + \dfrac{55.3190}{63}} = 29.9726 \ ,$$

so daß der notwendige Stichprobenumfang zum Erreichen obiger Genauigkeit 30 beträgt.

Vernachlässigt man die Endlichkeitskorrektur, arbeitet man also nur mit
dem Ausdruck n_0 anstelle des exakten Wertes n^*, so gilt die Faustregel

---

Verdoppelung der Genauigkeit $\Leftrightarrow$ Vervierfachung des Stichprobenumfangs
(d.h. die Kosten der Untersuchung wachsen quadratisch).

Diese hier gemachten Aussagen haben aufgrund der allgemeinen Übertrag-
barkeit ihre Gültigkeit nicht nur im heterograden Fall, so daß die Bestimmung des notwendigen Stichprobenumfangs n^* im homograden Fall vollkommen analog verläuft. Der besseren Interpertierbarkeit wegen arbeitet
man hierbei allerdings in der Regel nur mit der Vorgabe eines maximalen
absoluten Fehlers d ($\overset{\wedge}{=} r \cdot \bar{Y}.$). Als Ergebnis erhält man

Folgerung 3.17: Bei einer einfachen Zufallsstichprobe ohne Zurücklegen
            gilt für die Schätzung eines Anteils P

   (a) als erste Näherung für den Stichprobenumfang, der notwendig
       ist bei einem Signifikanzniveau von $(1-\alpha)$ einen absoluten
       Standardfehler kleiner d zu garantieren

$$n_0 = \frac{(u_{1-\alpha/2})^2 \cdot P(1-P)}{d^2} \ ,$$

   wobei P sinnvoll ersetzt werden muß.

   (b) Ist $\dfrac{n_0}{N}$ "groß" , so beträgt der notwendige Stichprobenumfang

$$n^* = \frac{n_0}{1 + \left(\dfrac{n_0 - 1}{N}\right)} \ .$$

Beispiel: Will man beispielsweise den Anteil P_Z der weiblichen Studie-
renden in der Veranstaltung mit einer absoluten Abweichung von 15 %
schätzen und besitzt (z.B. aus früheren Jahren) die Vorinformation,
daß $P_Z \approx 0.4$, so ist mit d = 0.15 und $(1-\alpha) = 0.95$ ein Stichprobenumfang notwendig von

$$n_0 = \frac{1.96^2 \cdot 0.4 \cdot 0.6}{0.15^2} = 40.98 \quad .$$

Auch hier ist $\frac{n_0}{N} = 0.6505$ relativ groß, so daß ein korrigierter
Wert für den Stichprobenumfang angegeben werden sollte, und man berechnet

$$n^* = 25.0703 \quad ,$$

d.h. auch hier ist ca. eine Vervierfachung des Aufwandes bei halb
so großem Konfidenzintervall zu beobachten (vgl. hierzu das in Abschnitt 3.4 berechnete Konfidenzintervall für den Anteil P_Z).

3.6 ÜBUNGSAUFGABEN

Aufgabe 3.1:
Bei einer Untersuchung zu einer seltenen Erkrankung des zentralen Ner-
vensystems wurden in verschiedenen europäischen Ländern unter 15000 Personen ein Krankheitsfall gezählt.

(a) Wie groß ist die erwartete Anzahl von Fällen in einer einfachen 1%
     Stichprobe mit Zurücklegen aus der Bevölkerung der BRD (gehen Sie
     davon aus, daß N = 58 Mio. gilt) ?

(b) Berechen Sie die Varianz der Anzahl der Fälle.

(c) Wie groß ist die Wahrscheinlichkeit dafür, in einer Stichprobe vom
     Umfang n = 2000 mindestens einen Krankheitsfall zu zählen ?

Aufgabe 3.2:

Nach Satz 3.9 ist $\bar{y}$. ein erwartungstreuer Schätzer für $\bar{Y}$.. Wie lautet der hieraus resultierende Schätzer $\hat{Y}$. für die Merkmalsumme, dessen Varianz und Varianzschätzer ?

Aufgabe 3.3:

Eine Stadtbücherei möchte ihr Karteisystem auf ein computergestütztes Datenbanksystem umstellen. Um zu testen, ob das zur Probe installierte System den gesetzten Ansprüchen gerecht wird, werden 750 Buchtitel eingegeben und 10 dieser abgespeicherten Dokumente genauer überprüft.

(a) Welche Buchtiteldaten wählt man aus, wenn die folgende Tabelle von Zufallszahlen zugrunde gelegt wird ?

16306	21417	11021	78499	17466	49767	05661	40786
57832	85454	27504	59472	40029	74442	41284	

(b) Bei den ausgewählten Dokumenten ermittelt man 2, 0, 0, 1, 0, 0, 0, 1, 0, 3 Falscheingaben. Schätzen Sie die Summe der Falscheingaben und geben Sie einen Schätzer für den Anteil fehlerfrei eingegebener Dokumente an.

(c) Geben Sie Schätzwerte für die Standardabweichungen der in (b) ermittelten Schätzer an.

Aufgabe 3.4:

Aus einer Gesamtheit von 1000 Gaststätten einer Großstadt sind 10 zufällig ausgewählt worden. Bei ihnen werden die Umsätze an Bier (in Hektolitern) des letzten Jahres erhoben, sowie überprüft, ob in der Gaststätte auch warme Mahlzeiten angeboten werden.

Gaststätte	1	2	3	4	5	6	7	8	9	10
Umsatz 1988	210	50	120	330	50	40	1500	140	60	1800
warme Mahlzeiten	ja	nein	ja	ja	nein	nein	nein	ja	ja	nein

(a) Schätzen Sie den Gesamtumsatz an Bier in den Gaststätten der Stadt insgesamt, und geben Sie einen Varianzschätzer für diese Größe an.

(b) Ermitteln Sie den Schätzwert für den durchschnittlichen Bierumsatz einer Gaststätte und dessen Varianzschätzer.

(c) Wie hoch schätzen Sie den Anteil der Gaststätten, die warme Mahlzeiten anbieten, und wie groß ist deren geschätzte Standardabweichung ?

(d) Bestimmen Sie ausgehend von einer ungefähren Normalverteilung der Schätzer aus (a)-(c) Konfidenzintervalle für die entsprechenden Pameter zu den Niveaus 0.9 und 0.95.

Aufgabe 3.5:
Vor der Erhebung aus einer Grundgesamtheit vom Umfang N sind die drei Merkmalswerte Y_1, Y_2, und Y_3 bekannt. Zur Schätzung der Summe Y. der Merkmalswerte wird deshalb aus den verbleibenden (N-3) Untersuchungseinheiten eine einfache Zufallsstichprobe ohne Zurücklegen gezogen und hieraus der Mittelwert $\bar{y}_.^*$ berechnet.

Zeigen Sie, daß in dieser Situation der Schätzer

$$\hat{Y}_.^* := \left\{ Y_1 + Y_2 + Y_3 + (N-3)\cdot\bar{y}_.^* \right\}$$

erwartungstreu für Y. ist.

Aufgabe 3.6:
Das Presse- und Informationsamt der Großstadt, in der eine Erhebung über Gaststätten durchgeführt wurde (vgl. Aufgabe 3.4), möchte eine Broschüre erstellen, in der mit den erhobenen Daten für die Gastfreundlichkeit der Stadt geworben wird.

Da der verantwortliche Pressechef skeptisch ist, ob das erhobene Datenmaterial genau genug ist, schlägt er eine neue Erhebung vor, die seinen Genauigkeitsvorstellungen entspricht.

(a) Wie groß muß der notwendige Stichprobenumfang sein, wenn bei der Schätzung des Gesamtumsatzes an Bier der relative Fehler bei einem Niveau von $(1-\alpha) = 0.95$ kleiner als 20 % sein soll ?

(b) Wie groß muß der notwendige Stichprobenumfang sein, wenn bei der Schätzung des Anteils der Gaststätten, die warme Mahlzeiten anbieten, davon ausgegangen werden kann, daß der wahre Anteil etwa bei 60 % liegt und bei einem Niveau von $(1-\alpha)=0.95$ das zulässige Konfidenzintervall höchstens eine Länge von 10 % haben soll ?

<u>Aufgabe 3.7</u>:

Man interessiert sich für den Stimmenanteil, den die *Opportunistische Partei (OP)* bei der bevorstehenden Kommunalwahl erhalten wird. Wieviele Wahlberechtigte muß man befragen, wenn das Konfidenzintervall möglichst eine Länge von weniger als 10 % des Schätzwertes für den unbekannten Stimmenanteil haben soll und bekannt ist, daß der Stimmenanteil der *OP*

    (a) etwa bei 50 %

    (b) zwischen 40 % und 60 %

    (c) etwa bei 20 %

liegen wird und ein Niveau von $(1-\alpha) = 0.95$ gefordert werden soll.

<u>Aufgabe 3.8</u>:

Zum Zwecke der Lebensmittelüberwachung wird in einer landwirtschaftlich geprägten Region ein Monitoringprogramm durchgeführt. Dazu werden von 240 Landwirten der Region 12 mittels einfacher Zufallsstichprobe ausgewählt und von deren geschlachteten Rindern Organproben entnommen und auf Schwermetallbelastungen (Cadmium, Cd in mg/kg) geprüft. Die Ergebnisse dieser Messungen sind in nachfolgender Tabelle zusammengestellt.

Landwirt	1	2	3	4	5	6
Cd in mg/kg	0.8	1.3	7.5	3.2	6.1	1.4

Landwirt	7	8	9	10	11	12
Cd in mg/kg	3.2	9.8	2.3	0.5	2.7	3.4

(a) Schätzen Sie die mittlere Belastung und den Anteil der Landwirte, deren Rinder eine Belastung höher als 5 mg/kg aufweisen.

(b) Geben Sie für die Schätzer aus (a) Schätzer für deren Varianzen sowie die Standardabweichungen an.

(c) Wie lautet das approximative Konfidenzintervall zum Niveau 0.95 für die mittlere Belastung ?

(d) Wie groß müßte man bei einer zukünftigen Untersuchung den Stichprobenumfang wählen, damit das Konfidenzintervall zur mittleren Belastung höchstens eine Breite von 1 mg/kg besitzt ?

Kapitel 4
Geschichtete Zufallsstichproben

Bei der bisherigen Beschreibung einer Zufallsauswahl lag im Prinzip ein
Urnenschema zugrunde, d.h. aus der Grundgesamtheit potentieller Untersuchungseinheiten wurde analog einer Lotterie ein Element nach dem anderen
zufällig entnommen. Schematisch ist dieser Vorgang in Abb. 4.1 angegeben.

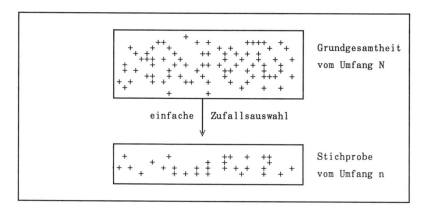

Abb. 4.1: Einfaches Urnenschema

Wie die Beschreibung der verschiedenen Ziehungstechniken in Abschnitt
3.1 aber gezeigt hat, ist die Realisierung einer einfachen Zufallsstichprobe oft mit praktischen Problemen behaftet, die es im Einzelfall sehr
schwer oder gar unmöglich machen, eine einfache Zufallsstichprobe aus
einer Grundgesamtheit zu entnehmen.

Die Gründe für solche Probleme sind sehr vielfältig. Häufig ist die be-
trachtete Population, wie zum Beispiel eine Bevölkerung, so groß, daß es
technisch gar nicht möglich ist eine einfache Auswahl zu entnehmen. Eine
weitere Schwierigkeit kann sich auch dadurch ergeben, daß die für die

Auswahl notwendige Indizierung nicht vorgenommen werden kann, denn nach
der Zuordnung 1.2 und den darauf basierenden Ziehungstechniken ist eine
eindeutige Bezeichnung der Elemente der Grundgesamtheit Voraussetzung
für das Erhebungsverfahren. Man stelle sich in diesem Zusammenhang einmal vor, zur Durchführung einer Waldschadenserfassung die Bäume eines
Waldes durchzunumerieren.

Aber selbst dann, wenn solche oder analoge Probleme überwunden werden
können, ist es oft nicht ratsam eine einfache Zufallsstichprobe zu entnehmen, da der damit verbundene Aufwand, z.B. durch Personal- oder Rei-
sekosten häufig so groß ist, daß er zur Erreichung des Forschungsziels
nicht angemessen erscheint.

In solchen Fällen ist es dann vernünftig das Auswahlverfahren so zu modifizieren, daß es den praktischen Anfordernissen eher gerecht wird.

Definition 4.1: Zerlegt man die Grundgesamtheit von N Einheiten in L
disjunkte Teilmengen vom Umfang N_h, h=1,...,L , mit $N = \sum\limits_{h=1}^{L} N_h$, und
werden den N_h Einheiten der h-ten Teilmenge n_h Einheiten zufällig
entnommen, so nennt man die L Teilmengen <u>Schichten</u> und das Auswahlverfahren <u>geschichtete Zufallsauswahl</u>.

Diese Definition führt im Prinzip zu einem "parallelen Urnenschema",
d.h. es wird nicht mehr nur eine Auswahl getroffen, sondern insgesamt L
seperate aus L seperaten Urnen, die zusammen die interessierende Grundgesamtheit repräsentieren. Schematisch kann man sich diesen Vorgang auch
an Abb. 4.2 veranschaulichen.

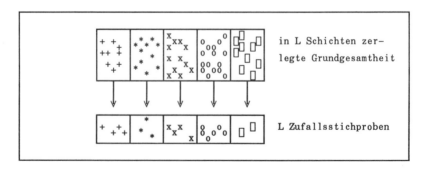

<u>Abb. 4.2</u>: Geschichtete Zufallsstichprobe als "paralleles Urnenschema"

Ist die Zahl der Schichten L = 1, so ist die gleiche Situation wie bei
der einfachen Zufallsauswahl gegeben. Wählt man die Anzahl der Schichten
maximal, d.h. L = N, und entnimmt aus jeder Schicht eine "zufällige
Stichprobe", so führt man eine Vollerhebung durch.

Für die in Kapitel 1 gegebenen Beispiele können etwa folgende Schichten
in Frage kommen

- Regionen, z.B. Bundesländer zur Schichtung der Bevölkerung bei
  der Wahlprognose oder der Media-Analyse,

- produzierende Maschinen zur Schichtung der hergestellten Bauteile
  bei der Qualitätskontrolle,

- Artikelgruppen zur Schichtung eines Lagerbestandes bei der
  Inventur,

- Arbeitszeitabschnitte zur Schichtung bei der Erhebung von
  Arbeitsplätzen,

- Forstbezirke zur Schichtung von Wäldern bei der Waldschadenserfassung,

- Gesundheitsamtsbezirke zur Schichtung von Schulkindern, die an
  der Schuleingangsuntersuchung teilnehmen.

Diese Beispiele deuten an, daß die Schichtung einer Grundgesamtheit
nicht nur Vorteile für die praktische Erhebung besitzt, sondern zudem
auch noch "informativer" sein kann als eine einfache Zufallsauswahl. Ein
solcher "Informationsgewinn" soll durch ein einfaches Beispiel verdeutlicht werden.

Beispiel: Gegeben sei eine Grundgesamtheit vom Umfang N = 7, aus der
eine Zufallsstichprobe vom Umfang n = 3 gezogen werden soll. Die
Einheiten U_i der Grundgesamtheit nehmen dabei die folgenden
Merkmalswerte Y_i, i=1,...7, an:

i	1	2	3	4	5	6	7
Y_i	1	3	4	8	16	22	30

Zieht man eine einfache Zufallsstichprobe, so existieren insgesamt $\binom{7}{3}$ = 35 mögliche Stichproben. Für die Stichprobe der kleinsten Werte erhält man dabei den Mittelwertschätzer

$$\bar{y}_{.min} = \frac{1}{3}(1+3+4) = 8/3$$

während die Stichprobe der größten Werte den Schätzer

$$\bar{y}_{.max} = \frac{1}{3}(16+22+30) = 68/3$$

ergibt. Daraus folgt für die sogenannte Spannweite als einfaches Streuungsmaß für die Zufallsvariable des Mittelwertschätzers

$$\bar{y}_{.max} - \bar{y}_{.min} = 20.$$

Zerlegt man nun die Grundgesamtheit in zwei Schichten, so daß Schicht 1 die N_1 = 4 Merkmalswerte Y_1, Y_2, Y_3, Y_4 und Schicht 2 die N_2 = 3 Merkmalswerte Y_5, Y_6, Y_7 enthält, und nimmt hieraus zwei einfache Zufallsstichproben vom Umfang n_1 = 2 bzw. n_2 = 1 aus Schicht 1 bzw. 2, dann existieren nur noch $\binom{4}{2}\binom{3}{1}$ = 18 mögliche Stichproben.

Hier ergibt dann die Stichprobe der kleinsten Werte

$$\bar{y}_{.(g)min} = \frac{1}{3}(1+3+16) = 20/3$$

und die Stichprobe der größten Werte

$$\bar{y}_{.(g)max} = \frac{1}{3}(4+8+30) = 42/3 \quad,$$

so daß hier für die Spannweite gilt

$$\bar{y}_{.(g)max} - \bar{y}_{.(g)min} = 22/3 \quad.$$

Dieses Beispiel verdeutlicht, daß die Variabilität der Zufallsvariablen $\bar{y}.$ (hier angegeben durch das einfache deskriptive Maß der Spannweite) durch die Schichtung abnimmt, und das Verfahren deshalb zu genaueren Ergebnissen führt.

Ein solches Phänomen tritt sehr häufig bei der Zerlegung einer Grundgesamtheit auf und wird im allgemeinen als Schichtungseffekt bezeichnet. Wenn auch das obige Beispiel fiktiver Natur ist, so ist es gar nicht so künstlich wie es den Anschein haben mag. Denkt man beispielsweise an

- die Schichtung nach Bundesländern und das unterschiedliche Wahlverhalten in Bayern und Nordrhein-Westfalen bei der Wahlprognose oder

- die Schichtung nach Artikelgruppen und den unterschiedlichen Wert von z.B. Batterien und Stereoanlagen bei der Lagerinventur eines Elektrounternehmens oder

- die Schichtung nach Tag- und Nachtarbeit bei der Betrachtung der Arbeitssicherheit oder auch

- die Schichtung nach dem Geschlecht bei der Schätzung der Körpergröße von Teilnehmern und Teilnehmerinnen einer Lehrveranstaltung,

so ist davon auszugehen, daß ein solcher Schichtungseffekt auch in der praktischen Arbeit zu erzielen ist.

Damit kann man zusammenfassend sagen, daß die Ziele der Schichtung insbesondere in der Maximierung des Schichtungseffektes und in einer möglichst praktikablen Erhebungsform liegen.

Bevor aber nun die geschichtete Zufallsauswahl weiter behandelt wird, sollen zunächst einige wichtige Notationen zu diesem Stichprobenverfahren eingeführt werden.

Definition 4.2: Bei einer geschichteten Zufallsstichprobe bezeichne in der Grundgesamtheit bzw. in der Stichprobe, h = 1,...,L:

Bezeichnung	Grundgesamtheit	Stichprobe
Anzahl der Schichten	L	L
Anzahl der Einheiten in der h-ten Schicht	N_h	n_h
Merkmalswert der Einheit i in Schicht h	Y_{hi}	y_{hi}
Schichtmittelwert	$\bar{Y}_{h.} = \frac{1}{N_h} \sum_{i=1}^{N_h} Y_{hi}$	$\bar{y}_{h.} = \frac{1}{n_h} \sum_{i=1}^{n_h} y_{hi}$

Gesamtmittelwert	$\bar{Y}.. = \frac{1}{N} \sum\limits_{h=1}^{L} \sum\limits_{i=1}^{N_h} Y_{hi}$ $= \frac{1}{\sum\limits_{h=1}^{L} N_h} \sum\limits_{h=1}^{L} N_h \bar{Y}_h.$	$\bar{y}.. = \frac{1}{n} \sum\limits_{h=1}^{L} \sum\limits_{i=1}^{n_h} y_{hi}$
Schichtsumme	$Y_h. = N_h \bar{Y}_h.$	$y_h. = n_h \bar{y}_h.$
Gesamtsumme	$Y.. = \sum\limits_{h=1}^{L} N_h \bar{Y}_h.$	———
Schichtvarianz	S_h^2 $= \frac{1}{N_h-1} \sum\limits_{i=1}^{N_h} (Y_{hi} - \bar{Y}_h.)^2$	s_h^2 $= \frac{1}{n_h-1} \sum\limits_{i=1}^{n_h} (y_{hi} - \bar{y}_h.)^2$

Zur Durchführung des Repräsentanzschlusses soll nun, wie bei der einfachen Zufallsstichprobe, ein Schätzer und dessen Varianz für den unbekannten Mittelwert der Grundgesamtheit $\bar{Y}..$ angeben werden. Nutzt man die Ergebnisse des Kapitels 3 für jede der nun seperat zu ziehenden Stichproben, so ergibt sich der

Satz 4.3:   Zieht man bei einer geschichteten Zufallsauswahl aus jeder Schicht eine einfache Zufallsstichprobe ohne Zurücklegen und sind diese unabhängig voneinander, so gilt

(a) $\hat{\bar{Y}}.. := \frac{1}{N} \sum\limits_{h=1}^{L} N_h \cdot \bar{y}_h.$ ist ein erwartungstreuer Schätzer für $\bar{Y}..$,

(b) $\text{Var } \hat{\bar{Y}}.. = \frac{1}{N^2} \sum\limits_{h=1}^{L} N_h^2 \frac{1}{n_h} \left(1 - \frac{n_h}{N_h}\right) S_h^2$,

(c) $\widehat{\text{Var }} \hat{\bar{Y}}.. := \frac{1}{N^2} \sum\limits_{h=1}^{L} N_h^2 \frac{1}{n_h} \left(1 - \frac{n_h}{N_h}\right) s_h^2$ ist ein erwartungstreuer

   Schätzer für $\text{Var } \hat{\bar{Y}}..$.

Beweis:

(a) $E \hat{\bar{Y}}.. = E \left(\frac{1}{N} \sum\limits_{h=1}^{L} N_h \bar{y}_h.\right)$

   $= \frac{1}{N} \sum\limits_{h=1}^{L} N_h E \bar{y}_h.$ [nach Satz 2.10]

$$= \frac{1}{N} \sum_{h=1}^{L} N_h \ \bar{y}_h. \qquad \text{[nach Satz 3.9]}$$

$$= \bar{Y}.. \ ,$$

$$\text{(b) Var } \hat{\bar{Y}}.. = \frac{1}{N^2} \text{Var } (\sum_{h=1}^{L} N_h \ \bar{y}_h.) \qquad \text{[nach Satz 2.12]}$$

$$= \frac{1}{N^2} \sum_{h=1}^{L} \text{Var } (N_h \ \bar{y}_h.) \qquad \text{[nach Satz 2.12 und 2.23]}$$

$$= \frac{1}{N^2} \sum_{h=1}^{L} N_h^2 \ \text{Var } \bar{y}_h. \qquad \text{[nach Satz 2.12]}$$

$$= \frac{1}{N^2} \sum_{h=1}^{L} N_h^2 \ \frac{1}{n_h} \left(1 - \frac{n_h}{N_h}\right) S_h^2 \qquad \text{[nach Satz 3.9]},$$

$$\text{(c) analog zu (b) und } E \ s_h^2 = S_h^2 \ , \qquad \text{[nach Satz 3.9]}.$$

XXX

Führt man zur Bezeichnung der Schichtgrößen

$$W_h := \frac{N_h}{\sum\limits_{k=1}^{L} N_k} \qquad , \ h = 1,\ldots,L,$$

als das <u>Schichtgewicht der h-ten Schicht</u>, $h = 1,\ldots,L$, ein, so liegen in Satz 4.3 gewichtete Summen der Schichtergebnisse vor, d.h. die Aussagen (a)-(c) aus Satz 4.3 lassen sich dann auch darstellen als

$$\square \quad \hat{\bar{Y}}.. = \sum_{h=1}^{L} W_h \ \bar{y}_h. \ ,$$

$$\square \quad \text{Var } \hat{\bar{Y}}.. = \sum_{h=1}^{L} W_h^2 \ \text{Var } \bar{y}_h. \ ,$$

$$\square \quad \hat{\text{Var}} \ \hat{\bar{Y}}.. = \sum_{h=1}^{L} W_h^2 \ \hat{\text{Var}} \ \bar{y}_h. \ .$$

Dies bedeutet konkret, daß man zunächst in jeder Schicht eine Auswertung der einfachen Zufallsstichprobe gemäß den Ausführungen des Kapitels 3 durchführen kann, und anschließend diese Ergebnisse mit Hilfe der Schichtgewichte zu einem gemeinsamen Resultat zusammenfaßt. Dabei gilt dieses Gewichtungsprinzip nicht nur für einfache Zufallsauswahlen aus

den Schichten, sondern für beliebige zufällige Auswahlverfahren, die
zu erwartungstreuen Schätzern ihrer schichtspezifischen Grundgesamtheitsparameter führen.

So kann beispielsweise die Erhebung aus einer Schicht wiederum eine
geschichtete Auswahl sein. Ein solcher Vorgang findet etwa bei Bevölkerungsstichproben seine Berechtigung. Dann wird man aus der
Schicht Bundesland wiederum eine geschichtete Stichprobe entnehmen,
indem man aus Orten unterschiedlicher Größenklassen (Klein-, Mit-
tel-, Großstädte) seperate Stichproben auswählt.

Beispiel: Bei der Erhebung von Teilnehmern aus einer Lehrveranstaltung
wird unter anderem das Untersuchungsmerkmal Y Körpergröße betrachtet. Da man davon ausgehen kann, daß die Körpergröße sich zwischen
den Geschlechtern unterscheidet, soll hier eine geschichtete Zufallsauswahl vom Umfang n = 10 nach Geschlecht betrachtet werden.

Dazu bildet man zunächst die zwei Schichten (vgl. Anhang A):

$$\text{Schicht 1: Männlich mit } N_1 = 39 \text{ ,}$$
$$\text{Schicht 2: Weiblich mit } N_2 = 24 \text{ ,}$$

und zieht aus jeder Schicht eine einfache Zufallsstichprobe vom
Umfang $n_1 = 5$ bzw. $n_2 = 5$. Die Stichprobenrealisationen (in cm)
seien

Schicht h	y_{h1}	y_{h2}	y_{h3}	y_{h4}	y_{h5}
1	187	170	191	188	178
2	169	174	179	166	165

Damit errechnet man zunächst die schichtspezifischen Parameter-
schätzer

$$\bar{y}_1. = 182.80 \text{ ,} \quad \bar{y}_2. = 170.60 \text{ ,}$$
$$s_1^2 = 74.70 \text{ ,} \quad s_2^2 = 34.30 \text{ ,}$$

so daß man gemäß Satz 4.3 (a) als Gesamtschätzer für den Mittelwert
$\bar{Y}..$ der Grundgesamtheit erhält:

$$\hat{\bar{Y}}.. = \frac{1}{N} \sum_{h=1}^{L} N_h \bar{y}_h. = \frac{1}{63} \cdot \left\{ 39 \cdot 182.80 + 24 \cdot 170.60 \right\} = 178.1524 \ .$$

Einen Schätzwert für die Varianz der Mittelwertschätzung ergibt sich mit

$$\widehat{Var}\ \hat{\bar{Y}}.. = \frac{1}{N^2} \sum_{h=1}^{L} N_h^2 \frac{1}{n_h} \left(1 - \frac{n_h}{N_h} \right) s_h^2$$

$$= \frac{1}{63^2} \left\{ 39^2 \cdot \frac{1}{5} \cdot \left[1 - \frac{5}{39} \right] \cdot 74.70 + 24^2 \cdot \frac{1}{5} \cdot \left[1 - \frac{5}{24} \right] \cdot 34.30 \right\}$$

$$= 5.7794 \ .$$

Neben den repräsentativen Ergebnissen für die unbekannten Parameter der Grundgesamtheit erhält man durch diese Vorgehensweise somit auch weitere Erkenntnisse über die Teilpopulationen in Form der schichtspezifischen Parameterschätzungen $\bar{y}_h.$ bzw. s_h^2, $h = 1,\ldots,L$. In obigem Beispiel äußert sich dies etwa in den deutlich voneinander verschiedenen Mittelwert- und Varianzschätzern der geschlechtsbezogenen Schichten.

Vergleicht man die hier erhaltenen Ergebnisse mit denen aus Kapitel 3, wo eine einfache Zufallsstichprobe aus der gleichen Gesamtheit betrachtet wurde, so zeigt sich zudem, daß mit der Schichtung eine deutliche Varianzreduzierung der Mittelwertschätzung einhergeht, d.h. daß die getrennte Erhebung nach dem Geschlecht einen Schichtungseffekt mit sich gebracht hat. Dieser Effekt soll im folgenden nun näher untersucht werden.

4.2 SCHICHTUNGSEFFEKT

In Abschnitt 4.1 wird demonstriert, daß eine geschichtete Zufallsauswahl die Genauigkeit der Aussagen verbessern kann. Deshalb ist es sinnvoll die Stichprobenerhebung so durchzuführen, daß der Schichtungseffekt möglichst groß wird. Da der "Effekt" einer statistischen Untersuchung in der Regel durch ihre "Genauigkeit" bestimmt wird, ist dies aber gleichbedeutend mit der Minimierung der Schätzervarianz, d.h.

$$\text{Var } \hat{\bar{Y}}.. = \frac{1}{N^2} \sum_{h=1}^{L} N_h^2 \frac{1}{n_h} (1- \frac{n_h}{N_h}) S_h^2 \longrightarrow \text{min !} \quad .$$

Will man somit eine "gute", eine effizient geschichtete Stichprobe entnehmen, so ist vor Beginn der eigentlichen Auswahl ein Optimierungspro-
blem zu lösen. Diese Optimierungsaufgabe hängt im wesentlichen von fünf
Komponenten ab. Im einzelnen sind dies

▮ der Stichprobenplan in jeder Schicht
  (d.h. welches Auswahlverfahren wird in jeder Teilgesamtheit
  zugrunde gelegt),

▮ die Schichtungsvariable
  (d.h. nach welchem Ordnungskriterium sollen die Einheiten der
  Grundgesamtheit zugeordnet werden),

▮ die Schichtgrenzen
  (d.h. wie sollen bei gegebener Schichtungsvariable deren Grenzen
  zur Schichtbildung gewählt werden),

▮ die Schichtanzahl
  (d.h. wie groß sollte die Zahl der aus der Grundgesamtheit zu
  bildenden Teilmengen sein),

▮ die Aufteilung des Stichprobenumfangs
  (d.h. wie groß sollte der Auswahlumfang in jeder Schicht sein).

Um einen bestmöglichen Schichtungseffekt zu erzielen, wäre es im Prinzip notwendig diese genannten Aspekte gemeinsam zu betrachten und in Abhängigkeit davon die Varianz der Mittelwertschätzung zu minimieren. Jedoch ist ein Ansatz, der dieses Problem simultan löst, nicht bekannt.
Andererseits gibt es eine Reihe optimaler Lösungsstrategien für die einzelnen Probleme sowie sukzessive Vorgehensweisen, so daß annähernd optimale Stichprobenpläne konstruiert werden können.

Die formalen mathematischen Aspekte der optimalen Planung einer geschichteten Stichprobe würden den Rahmen dieser Einführung allerdings
mehr als sprengen. Der an diesen Zusammenhängen interessierte Leser sei
hier auf die weitergehenden Monographien des Literaturverzeichnisses und
insbesondere auf DREXL(1982) verwiesen. Auf die wenig formalisierbaren,
inhaltlichen Voraussetzungen und Konsequenzen sei aber hier kurz eingegangen, da auch sie Bestandteil der Stichprobenplanung sind.

Daß das Auswahlverfahren in den Schichten von großer Bedeutung für die Größe des Schichtungseffektes ist, wird durch die Varianzformel 4.3(b) besonders deutlich. Als Summe der mit den quadrierten Schichtgewichten versehenen Varianzen der seperaten Auswahlen ist die Varianz des Gesamtschätzers direkt davon abhängig, so daß eine effiziente Auswahl in den einzelnen Schichten die Effizienz des Gesamtverfahrens erhöht. Das in Abschnitt 4.1 beschriebene Beispiel einer weiteren Schichtung innerhalb der Schichten macht dies besonders deutlich.

Aus Gründen der Übersichtlichkeit wird hier allerdings im weiteren vorausgesetzt, daß in den Schichten einfache Zufallsstichproben gezogen werden.

Auch die Wahl des Schichtungskriteriums bzw. der Schichtungsvariablen ist ein wenig formalisierbarer Aspekt der Erhebungsplanung. Besitzt man eine Reihe verschiedener Kriterien, so sollte diese Wahl natürlich immer in einem guten Sachzusammenhang zum Untersuchungsziel stehen.

Schichtet man beispielsweise nur nach Bundesländern zur Durchführung einer Bevölkerungsumfrage, so wird der Schichtungseffekt bei Wahlprognosen möglicherweise groß sein, während die Untersuchung einer überregionalen Untersuchungsvariablen, wie der Einstellung zu einer bestimmten Fernsehserie, davon wenig berührt sein wird.

Zur Festlegung eines Schichtungskriteriums ist deshalb vor allem die Möglichkeit der praktischen Umsetzung und der hohen Assoziation (evtl. Korrelation) zur Untersuchungsvariablen zu prüfen.

Im Rahmen einer Lagerinventur auf Basis einer geschichteten Zufallsstichprobe ist dies beispielsweise problemlos möglich, denn die Untersuchungsvariable 'Wert' einer Artikelposition hängt von dem Preis des Artikels ab, so daß eine Schichtung nach dem Kriterium Preiskategorie erfolgen kann.

Das Problem der anschließenden Schichtenbildung, also z.B. die Frage welche Preiskategorien bei der Lagerinventur gewählt werden sollen, ist dann allerdings mehr formalerer Natur. Geht man davon aus, daß das Schichtungskriterium ein quantitatives Merkmal darstellt, so existieren verschiedene Ansätze mit Hilfe dieses Merkmals sogenannte Stratifikationspunkte zu ermitteln.

Wollte man z.B. für ein Bundesland eine Wahlprognose erstellen, so
ist eine Schichtung nach Ortsgrößenklassen möglich, und man müßte
etwa die Entscheidung treffen, welche der folgenden Zerlegungen zu
wählen wäre:

Schicht	1	2	3
Einwohner	bis 2000	2000- 20000	mehr als 20000
oder: Einwohner	bis 1500	1500-100000	mehr als 100000

Ein weiteres Beispiel für die Ermittlung solcher Stratifikations-
punkte sei aus dem Bereich der Gesundheitsforschung in Bezug zur
Luftverschmutzung erwähnt. Hier könnte man z.B. Schichten als
Klassen eines Verschmutzungsindex' definieren, und es wären dann
Grenzwerte für bestimmte Luftschadstoffe zu ermitteln.

Die Varianz von $\hat{\bar{Y}}..$ hängt natürlich von solchen Klassifizierungen ab, so
daß bei der Lösung des damit einhergehenden Minimierungsproblems mathematisch anspruchsvolle Verfahren zum Einsatz kommen müssen. Auf die ge-
naue Lösung dieser Problematik wird deshalb hier nicht näher eingegangen. Eine ausführliche Beschreibung möglicher Lösungsalgorithmen findet
man beispielsweise bei DREXL(1982).

Die Festlegung der Anzahl der Schichten erfolgt dagegen meist nach heu-
ristischen Gesichtspunkten unter dem Aspekt des Effizienzgewinns, der
bei zunehmender Schichtanzahl immer geringer wird, denn mit L = 1 liegt
eine einfache Zufallsstichprobe und mit L = N eine (nicht mehr zufällige) Vollerhebung vor. Deshalb wird die Schichtanzahl in der Regel so
lange erhöht, bis der Schichtungseffekt ausreichend ist, oder ein Genauigkeitsgewinn nicht mehr lohnenswert erscheint. Im Zusammenhang mit dem
Schichtenbildungsproblem findet man eine algorithmische Lösung dieses
Problems bei WIENHOLD(1982).

Als letzte den Schichtungseffekt beeinflussende Komponente ist die Aufteilung des Stichprobenumfangs zu nennen, denn der Stichprobenumfang n_h
der h-ten Schicht, h = 1,...,L, hat einen direkten Einfluß auf die Größe
der Varianz.

Mit

$$\text{Var } \hat{\bar{Y}}.. = \sum_{h=1}^{L} W_h^2 \frac{1}{n_h} \left(1 - \frac{n_h}{N_h}\right) S_h^2 \, ,$$

ist die Varianz einer Schicht dann klein, wenn der Stichprobenumfang dort groß ist, so daß abzuwägen ist, wie die Aufteilung eines Gesamtumfangs oder allgemeiner eines gesamten Planungsbudgets zu erfolgen hat. Als Grundregel gilt dabei, daß n_h immer dann groß zu wählen ist, wenn W_h und/oder S_h^2 groß sind, h=1,...,L.

Da in vielen praktischen Erhebungen die Schichten in "natürlicher" Weise vorgegeben sind, ist die Aufteilung des Stichprobenumfangs oft die einzige Möglichkeit zur direkten Optimierung des Schichtungseffektes. Deshalb wird in Abschnitt 4.3 auf dieses Problem noch näher eingegangen.

Zusammenfassend kann aber gesagt werden, daß der Schichtungseffekt von besonderer Wichtigkeit bei der Planung einer Stichprobenerhebung ist und neben formalen Kriterien grundsätzlich darauf geachtet werden sollte, daß die Schichten so gebildet werden, daß die schichtspezifischen Varianzen so gering wie möglich sind.

Somit lautet das Grundprinzip der geschichteten Zufallsauswahl:

> Schichten sollten so gewählt werden, daß sie
> in sich homogen und untereinander heterogen sind

4.3 AUFTEILUNG DES STICHPROBENUMFANGS

In vielen Anwendungsfällen ist eine Zerlegung der Grundgesamtheit in Schichten in natürlicher Weise vorgegeben, so daß die genannten Probleme der Festlegung von Schichtanzahl, Schichtungsvariablen und -grenzen bei der Planung einer Stichprobenerhebung nicht auftreten. Klassisches Beispiel hierfür ist insbesondere die Planung von Bevölkerungsstichproben, bei denen regionale Zerlegungen von besonderer Bedeutung sind und somit eine "natürliche" Schichtung der Gesamtheit vorliegt.

Geht man desweiteren davon aus, daß in jeder Schicht einfache Zufallsstichproben entnommen werden, so hängt der Schichtungseffekt nur noch

von der Aufteilung des Gesamtstichprobenumfanges auf die Schichten ab.
In diesem Sinne nimmt das Aufteilungsproblem zur Maximierung des Schichtungseffektes eine besondere Stellung bei der Planung einer optimalen
geschichteten Zufallsauswahl ein.

Will man nun das Aufteilungsproblem zur Optimierung des Schichtungseffektes formulieren, ist es notwendig einige Annahmen zu treffen. Im folgenden sei deshalb

☐ der Umfang N der Grundgesamtheit bekannt,

☐ die Anzahl L der Schichten bekannt,

☐ die Zuordnung zu den Schichten eindeutig möglich, d.h. Schich-
   tungsmerkmal und Schichtgrenzen seien festgelegt,

☐ der Umfang N_h der h-ten Schicht bekannt, h=1,...,L,

☐ der Gesamtstichprobenumfang n vorgegeben und

☐ aus der h-ten Schicht soll eine einfache Zufallsstichprobe vom
   Umfang n_h mit $\sum\limits_{n=1}^{L} n_h = n$, $n_h \leq N_h$ ganzzahlig, h = 1,...,L, gezogen
   werden .

Alternativ zur Vorgabe eines festen Stichprobenumfangs n wird oft auch
von der Vorgabe eines festen Untersuchungsbudgets C ausgegangen und die
folgende lineare Kostenfunktion unterstellt:

☐ $C = C_0 + \sum\limits_{h=1}^{L} c_h \cdot n_h$.

Hierbei bezeichne C_0 die bekannten fixen Kosten der Untersuchung und c_h
die bekannten Erhebungskosten einer Einheit in der h-ten Schicht,
h = 1,...,L. Ist $c_h \equiv c$, h=1,...,L, so sind die Vorgabe eines Budgets C
und die Vorgabe eines Stichprobenumfangs n äquivalent, so daß in der
Vorgabe von C eine Verallgemeinerung obiger Annahme zu sehen ist.

Als Aufteilungsproblem ergibt sich dann die Bestimmung der Stichprobenumfänge $n_1^*,...,n_L^*$, welche die Varianz des Mittelwertschätzers unter
obigen Annahmen minimieren.

Die naivste Möglichkeit der Aufteilung ist dann die

4.3.1 GLEICHMÄSSIGE AUFTEILUNG

Definition 4.4: Teilt man in einer geschichteten Zufallsstichprobe den
        Gesamtstichprobenumfang n so auf die L Schichten auf, daß

$$n_h \equiv \frac{n}{L} \ , \quad h = 1,\ldots,L \ ,$$

        so spricht man von einer **gleichmäßigen Aufteilung**.

Diese Aufteilung berücksichtigt weder das Schichtgewicht noch die
Schichtvarianz und ist in der Regel daher wenig geeignet zur Maximierung
des Schichtungseffektes beizutragen. Wie das Beispiel in Abschnitt 4.1
aber zeigt, kann eine solche Aufteilung im Gegensatz zur einfachen Zufallsstichprobe schon zu einer Varianzreduzierung führen.

Da das Schichtgewicht bei der Varianzberechnung quadratisch eingeht, ist
es allerdings sinnvoll, diese Größe bei der Aufteilung zu berücksichtigen. Eine solche Strategie ist die sogenannte

4.3.2 PROPORTIONALE AUFTEILUNG

Definition 4.5: Teilt man in einer geschichteten Zufallsstichprobe den
        Gesamtstichprobenumfang n so auf die L Schichten auf, daß

$$\frac{n_h}{n} = \frac{N_h}{N} \ \text{ bzw. } \ n_h = n \cdot W_h \ , \quad h=1,\ldots,L \ ,$$

        so spricht man von einer **proportionalen Aufteilung**.

Bei der proportionalen Aufteilung des Stichprobenumfangs wird der Anteil
der Stichprobenelemente jeder Schicht analog zu der entsprechenden
Grundgesamtheitsstruktur gewählt. Eine solche Vorgehensweise entspricht

deshalb wohl am ehesten dem, was man sich unter einer repräsentativen Stichprobenerhebung vorstellt.

Für den Auswahlsatz (vgl. Definition 3.10) einer so aufgeteilten Stichprobe gilt, daß er pro Schicht konstant ist, d.h. es gilt

$$f_h = \frac{n_h}{N_h} = \frac{n}{N} = f \quad , h = 1, \ldots, L \; .$$

Durch diese Eigenschaft läßt sich der Satz 4.3 wesentlich vereinfacht darstellen als

Folgerung 4.6: Bei proportionaler Aufteilung gilt:

(a) $\hat{\bar{Y}}.. = \bar{y}..$,

(b) $\text{Var}_{prop}\hat{\bar{Y}}.. = \frac{1}{N}\frac{1}{n}\left(1-\frac{n}{N}\right)\sum\limits_{h=1}^{L} N_h \, S_h^2$.

Beweis: Mit den Ergebnissen aus Satz 4.3 und der oben eingeführten proportionalen Aufteilung ergibt sich direkt:

(a) $\hat{\bar{Y}}.. = \sum\limits_{h=1}^{L} \frac{N_h}{N}\frac{1}{n_h}\sum\limits_{i=1}^{n_h} y_{hi} = \frac{1}{n}\sum\limits_{h=1}^{L}\sum\limits_{i=1}^{n_h} y_{hi} = \bar{y}..$,

(b) $\text{Var}_{prop}\hat{\bar{Y}}.. = \sum\limits_{h=1}^{L}\frac{N_h^2}{N^2}\frac{1}{n_h}\left(1-\frac{n_h}{N_h}\right) S_h^2$

$\qquad\qquad = \sum\limits_{h=1}^{L}\frac{N\,N_h}{N^2}\frac{1}{n}\left(1-\frac{n}{N}\right) S_h^2$

$\qquad\qquad = \frac{1}{N\cdot n}\left(1-\frac{n}{N}\right)\sum\limits_{h=1}^{L} N_h \, S_h^2$.

XXX

Wegen der Eigenschaft (a) aus Folgerung 4.6 heißt die proportionale Aufteilung auch selbstgewichtende Stichprobe, denn in diesem (und nur in diesem) Fall ist der ungewichtete Mittelwert $\bar{y}..$ bei einer geschichteten Zufallsauswahl aus Schichten unterschiedlicher Größe ein erwartungstreuer Schätzer für den Mittelwert $\bar{Y}..$ der Grundgesamtheit.

Diese Eigenschaft wird in vielen praktischen Erhebungen ausgenutzt, ins-

besondere, weil sich Berechnung, Darstellung und Interpretation der
Schätzgröße dadurch wesentlich vereinfachen lassen.

Im Sinne der Optimierung des Schichtungseffektes kann diese Aufteilungsart aber noch weiter verbessert werden. Dies geschieht durch die

4.3.3 OPTIMALE AUFTEILUNG

Faßt man die Varianz der Mittelwertschätzung als eine reelle Funktion in
Abhängigkeit der Stichprobenumfänge auf, d.h.

$$f(n_1, \ldots, n_L) := \text{Var } \hat{\bar{Y}}.. \quad ,$$

so kann man diese Funktion durch Methoden der Analysis minimieren. Hierbei muß man dann natürlich gewisse, bereits in Abschnitt 4.2 erläuterte
Nebenbedingungen einhalten, und man erhält die mathematische Minimie-
rungsaufgabe

$$f(n_1, \ldots, n_L) \longrightarrow \text{min} !$$

unter der Nebenbedingung $n = \sum\limits_{h=1}^{L} n_h$ bzw. $C = c_0 + \sum\limits_{h=1}^{L} n_h \cdot c_h$.

Als Lösung dieses Minimierungsproblems ergibt sich der

<u>Satz 4.7.</u> Bei einer geschichteten Zufallsstichprobe wird Var $\hat{\bar{Y}}$
minimal, falls

(a) bei Berücksichtigung der Nebenbedingung $n = \sum\limits_{h=1}^{L} n_h$

$$n_h^* = \frac{n \cdot N_h \cdot S_h}{\sum\limits_{k=1}^{L} N_k \cdot S_k} \quad , \quad h = 1, \ldots, L \quad ,$$

(b) bei Berücksichtigung der Nebenbedingung $C = c_0 + \sum\limits_{h=1}^{L} n_h \cdot c_h$

$$n_h^* = \frac{n \cdot N_h \cdot S_h / \sqrt{c_h}}{\sum\limits_{k=1}^{L} N_k \cdot S_k / \sqrt{c_k}} \quad , \quad h = 1, \ldots, L \quad ,$$

wobei sich der Stichprobenumfang dann berechnet durch:

$$n = \frac{(C-c_0) \sum\limits_{h=1}^{L} N_h \cdot S_h / \sqrt{c_h}}{\sum\limits_{h=1}^{L} N_h \cdot S_h \cdot c_h} \quad .$$

Der Beweis dieses Satzes kann mit Methoden der Analysis, beispielsweise unter Verwendung von Lagrange-Multiplikatoren, erfolgen. Da dies eine rein technische Vorgehensweise ist, soll an dieser Stelle nicht weiter darauf eingegangen werden.

Obwohl die Aufteilung nach Satz 4.7 optimal ist, ergeben sich dennoch einige Nachteile dieses Ansatzes, denn in die Berechnung eines optimalen Stichprobenumfangs n_h^* gehen die unbekannten Grundgesamtheitsvarianzen S_h^2 ein, $h = 1, \ldots, L$. Weiterhin ist der so berechnete Stichprobenumfang im allgemeinen keine natürliche Zahl und im Extremfall ist ein $n_h^* > N_h$ möglich.

Dennoch wird man in der praktischen Arbeit in der Regel mit Schätzungen für S_h^2 und ganzzahligen Annäherungen zu sehr guten Varianzreduzierungen bei Verwendung obiger Formeln kommen. Ist der berechnete optimale Stichprobenumfang in einer Schicht tatsächlich einmal größer als die Schichtgesamtheit, so sollte hier eine Vollerhebung durchgeführt werden, und mit dem verbleibenden Budget der Rest der Stichprobe ausgeschöpft werden.

Da man mit einer Aufteilung gemäß Satz 4.7 eine minimale Varianz der Mittelwertschätzung erhält, ist es interessant diese auch explizit zu berechnen. Man erhält

<u>Folgerung 4.8</u>: Bei vorgegebenen Untersuchungskosten $C = c_0 + \sum\limits_{h=1}^{L} c_h \cdot n_h$

und Aufteilung gemäß Satz 4.7 (b) berechnet sich die Varianz der

Mittelwertschätzung zu

$$\text{Var}_{\text{opt}} \hat{\overline{Y}}.. = \frac{1}{N^2} \left\{ \frac{1}{n} \left(\sum_{h=1}^{L} N_h \cdot S_h \sqrt{c_h} \right) \cdot \left(\sum_{h=1}^{L} N_h \cdot S_h / \sqrt{c_h} \right) - \sum_{h=1}^{L} S_h^2 \cdot N_h \right\} \ .$$

Welche Auswirkungen in praxi mit solchen Optimierungsstrategien zu erzielen sind, können dem folgenden Beispiel entnommen werden, bei dem
wiederum von der Datensituation der Veranstaltungsteilnehmer, wie im
Anhang A dokumentiert, ausgegangen wird.

<u>Beispiel</u>: Für die Erhebung aus den Teilnehmern einer Lehrveranstaltung
wird sowohl von einer einfachen Zufallsstichprobe vom Umfang n = 10
als auch von einer geschichteten Auswahl aus den zwei durch das Geschlecht definierten Schichten ausgegangen. Zu Demonstrationszwecken
seien die folgenden Vorinformationen über das Merkmal Körpergröße
als bekannt vorausgesetzt (durch die in Anhang A dokumentierte Vollerhebung ist man hier ausnahmsweise in der Lage solche exakten Vorinformationen zu besitzen):

ungeschichtet: $N = 63$, $S = 8.71$,

Schicht 1: männlich mit $N_1 = 39$, $S_1 = 6.98$,

Schicht 2: weiblich mit $N_2 = 24$; $S_2 = 5.63$.

Ein numerischer Vergleich der Varianzen der Mittelwertschätzungen
der verschiedenen Auswahlen ergibt dann:

▯ einfache Zufallsstichprobe:

$$\text{Var} \ \hat{\overline{Y}}.. = \frac{1}{n} (1 - \frac{n}{N}) S_Y^2 = 6.3822 \ ;$$

▯ proportionale Aufteilung: $n_1 = 6$, $n_2 = 4$

$$\text{Var}_{\text{prop}} \ \hat{\overline{Y}}.. = \frac{1}{N} \frac{1}{n} (1 - \frac{n}{N}) \sum_h N_h \cdot S_h^2 = 3.5495 \ ;$$

▯ optimale Aufteilung: $n_h = \dfrac{n \cdot N_h \cdot S_h}{\sum\limits_{k=1}^{L} N_k \cdot S_k}$, $h = 1,2$, so daß

$$n_1 = \frac{10 \cdot 272.2200}{407.10} = 6.687 \ ,$$

$$n_2 = \frac{10 \cdot 134.8800}{407.10} = 3.313 \ ,$$

$$\text{Var}_{opt} \ \hat{\bar{Y}}.. = \frac{1}{N^2} \left\{ \frac{1}{n} \left(\sum_{h=1}^{L} N_h \cdot S_h \right)^2 - \sum_{h=1}^{L} S_h^2 \cdot N_h \right\} = 3.5095 \ .$$

In diesem Beispiel wird durch die optimale Aufteilung die Varianz
des Mittelwertschätzers im Gegensatz zur einfachen Zufallsstichprobe um etwa die Hälfte reduziert, so daß hier von einem erheblichen
Schichtungseffekt gesprochen werden kann.

4.3.4 AUFTEILUNG NACH DER AUSWAHL

Da eine Schichtung oft eine Reduzierung der Varianz mit sich bringt,
kann es sinnvoll sein eine einfache Zufallsstichprobe nachträglich zu
schichten, um einen Genauigkeitsgewinn zu erzielen. Eine solche Situation tritt immer dann auf, wenn ein Kriteriumsmerkmal einen großen
Schichtungseffekt verspricht, man aber praktisch nach diesem keine
Schichten bilden kann.

Ein Beispiel für eine solche Situation ist etwa eine Erhebung zu
den Ursachen von Atemwegserkrankungen, bei der es sicherlich wünschenswert wäre, eine Schichtung durchzuführen, die sich am Rauchverhalten der Bevölkerung orientiert. Da aber für den größten Teil
der Bevölkerung keine Informationen über das Rauchverhalten vorliegen, und aus den üblichen Auswahlgrundlagen für Bevölkerungsstichproben (z.B. Einwohnermeldekarteien, Telefonbücher, ...) der Rau-
cherstatus einer Person nicht hervorgeht, ist somit eine geschichtete Auswahl nach dem Rauchverhalten technisch nicht realisierbar.

Als Alternative bietet sich in solchen Fällen an, eine vorliegende
Stichprobe dennoch so auszuwerten, als ob eine geschichtete Auswahl vorliegen würde. Bei einer solchen Vorgehensweise ist aber zu berücksichtigen, daß in einem dann analog zu Satz 4.3 konstruierten Schätzer für
den Mittelwert $\bar{Y}..$.

$$\hat{\bar{Y}}.. = \frac{1}{N} \sum_{h=1}^{L} N_h \frac{1}{n_h'} \sum_{i=1}^{n_h'} y_{hi} \quad ,$$

der Stichprobenumfang in der h-ten Schicht, hier zur Unterscheidung mit n_h' bezeichnet, h=1,...,L, eine Zufallsvariable darstellt. Die nachträgliche Aufteilung erbringt somit eine weitere zufällige Komponente in die Schätzfunktion ein, was die stochastischen Eigenschaften eines solchen Schätzers verändert.

Die Auswirkungen dieser Vorgehensweise spiegeln sich allerdings nur in der Berechnung der Varianz dieser Schätzfunktion wider. Dies belegt der folgende

<u>Satz 4.9</u>: Wird eine einfache Zufallsstichprobe nachträglich geschichtet, und ist dann n_h' der (zufällige) Stichprobenumfang der h-ten Schicht, h=1,...,L, dann gilt:

(a) $E \hat{\bar{Y}}.. = \bar{Y}..$,

(b) $Var \hat{\bar{Y}}.. \approx \frac{N-n}{N \cdot n} \sum_{h=1}^{L} W_h S_h^2 + \frac{1}{n^2} \sum_{h=1}^{L} (1-W_h) S_h^2$,

(c) $\hat{Var} \hat{\bar{Y}}.. = \frac{N-n}{n(N-1)} \left\{ \frac{1}{N} \sum_{h=1}^{L} \frac{N_h}{n_h'} \sum_{j=1}^{n_h'} y_{hj}^2 - \hat{\bar{Y}}..^2 \right.$

$$\left. + \left(\frac{1}{N^2} \sum_{h=1}^{L} N_h^2 \cdot \frac{1}{n_h'} \cdot \left(1 - \frac{n_h'}{N_h} \right) \cdot s_h^2 \right) \right\} \quad .$$

Die Varianzberechnungen in (b) und (c) sind so kompliziert, da die Stichprobenumfänge n_h', h = 1,...,L, Zufallsvariablen darstellen und diese zusätzlichen stochastischen Komponenten als Nenner in die Schätzfunktion eingehen. Der relativ schwierige Beweis dieses Satzes wird deshalb hier nicht angegeben (vgl. hierzu z.B. RAJ(1968)).

Zur Anwendung von Satz 4.9 muß darüber hinaus darauf geachtet werden, daß dies nur dann möglich ist, falls die Größen N_h, h=1,...,L, bekannt sind, d.h., wenn die Möglichkeit existiert (auch über sekundäre Quellen) die Größe der neu gebildeten Schichten in der Grundgesamtheit anzugeben.

Für das oben angeführte Beispiel einer Untersuchung zu Atemwegserkrankungen bedeutet dies, daß es verläßliche Angaben über das

Rauchverhalten der Bevölkerung geben muß, die dann zur nachträg-
lichen Konstruktion von Schichten verwendet werden können.

Bis vor wenigen Jahren war das in der BRD nicht möglich und eine
Verwendung obiger Formeln somit ausgeschlossen. Im Rahmen spezieller Untersuchungen (z.B. im Saarland) konnten solche Informationen
aber neuerdings zur Verfügung gestellt werden, so daß eine Anwendung von Satz 4.9 damit durchführbar ist.

Dieses Beispiel zeigt deutlich, daß neben den hier kurz angesprochenen
formalen Problemen der Behandlung einer geschichteten Zufallsauswahl,
eine große Zahl inhaltlicher Rahmenbedingungen bei der Planung eines
solchen Auswahlverfahrens zu berücksichtigen ist.

4.4   ÜBUNGSAUFGABEN

Aufgabe 4.1:
In nachfolgender Tabelle sind verschiedene Grundgesamtheiten, Untersu-
chungsgegenstände und Vorschläge für Schichtungskriterien angegeben.
Diskutieren Sie Vor- und Nachteile dieser Schichtungskriterien und geben
Sie gegebenenfalls Alternativen an.

Nr.	Grundgesamtheit	Untersuchungsziel	Schichtungskriterium
1	Bevölkerung	Einstellung zur Sexualiät	Religion
2	Bevölkerung	Lungenkrebserkrankung	Rauchverhalten
3	Bevölkerung	Schilddrüsenerkrankung	regional
4	Bevölkerung	Wohnraum	Einkommen
5	Kaufhauskette	Lagerinventur	regional
6	Studierende	Abbrecherquote	Fachbereiche
7	Fluß	Verschmutzung	Tageszeiten

Aufgabe 4.2:
Bei einer Stichprobenerhebung aus L = 3 Schichten erhielt man folgende
Ergebnisse:

Schicht h	W_h	n_h	y_{h1}	y_{h2}
1	0.50	2	4	10
2	0.25	2	22	25
3	0.25	2	44	49

(a) Berechnen Sie $\hat{\bar{Y}}..$ und schätzen Sie Var $\hat{\bar{Y}}..$ unter Vernachlässigung des Auswahlsatzes.

(b) Interpretieren Sie die Stichprobe als eine einfache Zufallsstichprobe mit Zurücklegen vom Umfang n = 6 und schätzen Sie $\bar{Y}..$ sowie die Varianz dieses Schätzers.

Aufgabe 4.3:
Bei einer Auswahl aus L = 2 Schichten erhielt man folgende Ergebnisse:

Schicht h	W_h	n_h	y_{h1}	y_{h2}	y_{h3}
1	0.7	3	4	3	5
2	0.3	3	10	15	14

(a) Berechnen Sie $\hat{\bar{Y}}..$ und schätzen Sie Var $\hat{\bar{Y}}..$ unter Vernachlässigung des Auswahlsatzes.

(b) Berechnen Sie die Varianzschätzer bei proportionaler und optimaler Aufteilung unter Vernachlässigung des Auswahlsatzes.

(c) Warum ist hier die gleichmäßige Aufteilung besser als die proportionale ?

Aufgabe 4.4:
Botrachten Sie die Informationen aus Aufgabe 4.2 als eine Vorerhebung, und berechnen Sie die Aufteilung und die daraus resultierende Varianz des erwartungstreuen Schätzers für den Mittelwert $\bar{Y}..$ im Falle vernachlässigbarer Auswahlsätze bei

(a) gleichmäßiger,

(b) proportionaler und

(c) optimaler Aufteilung.

(d) Berechnen Sie eine kostenoptimale Aufteilung und die resultierende Varianz, wenn bei linearer Kostenfunktion gilt, daß $C = 20000$, $c_0 = 2192$, $c_1 = 49$, $c_2 = 25$ und $c_3 = 9$.

Aufgabe 4.5:

Da bei der letzten Kommunalwahl der Anteil der Wähler der *Opportunistischen Partei (OP)* in verschiedenen Bevölkerungskreisen unterschiedlich war, entschließt man sich für eine Wahlprognose zu einem geschichteten Auswahlverfahren aus drei Bevölkerungsschichten. Neben der Frage, ob bei der nächsten Wahl die *OP* gewählt wird, wird zusätzlich das Alter der befragten Personen erhoben. Die Ergebnisse der Erhebung sind in nachfolgender Tabelle zusammengefaßt:

Schicht h	W_h	$\hat{P}_h$	$\bar{y}_{h.}$	s_h^2
1	0.2	0.40	28	90
2	0.5	0.15	45	85
3	0.3	0.25	60	80

Hierbei bezeichnet $\hat{P}_h$ den Anteil der Personen, die die *OP* wählen wollen, $\bar{y}_{h.}$ das Durchschnittsalter und s_h^2 die empirische Varianz des Alters in der Schicht h, $h = 1,2,3$.

(a) Schätzen Sie den zu erwartenden Anteil P, den die *OP* bei der nächsten Wahl erhält und das Durchschnittsalter erwartungstreu.

(b) Berechnen Sie für beide erhobenen Merkmale eine optimale Aufteilung des Stichprobenumfangs.

Aufgabe 4.6:

Der Leiter des *TRAUMBUCH-Verlages* möchte die Restbestände der im Verlag aufgelegten Bücher überprüfen und führt deshalb eine Inventur auf Stichprobenbasis durch. Da er annimmt, daß die Restbestände der insgesamt 500 Titel abhängig vom Genre sind, entschließt er sich, jeweils aus den Bereichen "Kriminalroman", "Arztroman", "Heimatroman", und "Science-Fiction-Roman" eine einfache Zufallsstichprobe zu entnehmen und pro erhobenen Buchtitel die Anzahl der Restexemplare zu überprüfen. Zählt er weniger als 50 Exemplare pro Titel, so macht er einen gesonderten Vermerk, da diese Auflagen anschließend verramscht werden sollen.

Die nachfolgende Tabelle faßt die Ergebnisse seiner Stichprobenuntersuchung zusammen.

Genre	Anzahl verlegter Titel	Umfang der Stichprobe	durchschn. Restbestand	Standard- abweichung	Anzahl der Titel mit weniger als 50 Exempl.
Kriminalroman	220	20	170	15	10
Arztroman	100	10	210	30	1
Heimatroman	20	5	30	10	3
Science-Fict. Roman	160	15	40	8	12

(a) Geben Sie für die Anzahl der insgesamt vorhandenen Exemplare an
     Restbeständen einen Schätzer an, und schätzen Sie den Anteil der
     Titel, bei denen die Restbestände unter 50 liegen, erwartungstreu.

(b) Berechnen Sie die geschätzte Standardabweichung des Schätzers für
     den Gesamtbestand.

(c) Da diese Kontrolluntersuchung auch in Zukunft durchgeführt werden
     soll, soll eine optimale Strategie für die Stichprobenentnahme an-
     gegeben werden. Wie muß der Stichprobenumfang dann aufgeteilt wer-
     den ?

Aufgabe 4.7:
Aus der Gesamtheit der Teilnehmer einer Lehrveranstaltung einer Universität (vgl. auch Kapitel 3 und Anhang A) wird eine einfache Zufallsstichprobe entnommen und die Merkmale "Geschlecht" (m/w), "Körpergröße"
(in cm) und "Jeansträger" (ja/nein) erhoben. Man erhält nachfolgende
Ergebnisse :

Geschlecht	m	m	w	m	w	w	m	w	w	w	m	m
Körpergröße	182	179	165	192	175	165	182	170	171	172	182	193
Jeansträger	n	j	n	j	j	j	j	n	n	n	n	n

Schichten Sie nachträglich nach dem Geschlecht (N_1 = 63 m / N_2 = 57 w)
und berechnen Sie

(a)   erwartungstreue Schätzer für die durchschnittliche Körpergröße und den Anteil der Jeansträger,

(b)   die Varianzschätzer zu den Schätzern aus (a) und

(c)   vergleichen Sie diese Ergebnisse mit denen für eine einfache Zufallsstichprobe.

Kapitel 5
Mehrstufige Zufallsstichproben

Die entscheidende Voraussetzung der bisher behandelten Auswahlverfahren
ist, daß eine vollständig zugängliche Auswahlgrundlage existiert. Dabei
geht man somit von einem oder parallelen Urnenmodellen aus, d.h. Auswahleinheit und Untersuchungseinheit sind identisch.

Beispiele in denen eine solche Vorgehensweise gerechtfertigt ist,
findet man neben der allsamstäglichen Ziehung der Lottozahlen insbesondere dort, wo die Grundgesamtheit vollständig verzeichnet und
auf Datenträgern (Karteikarten, Listen, elektronische Speicherme-
dien etc.) gespeichert ist.

So könnte man zur Durchführung einer Inventur auf Stichprobenbasis
auf ein Artikelverzeichnis, bei der Auswahl von Kunden für eine
Befragung über ihre Zufriedenheit mit den angebotenen Produkten
einer Firma auf die Kundenkartei oder zur Überprüfung des Kosten-
profils von zahnärztlichen Leistungen auf Patientenkarteien zu-
greifen.

In vielen Fällen liegt aber eine Auswahlgrundlage, die einen direkten
Zugriff auf die potentiellen Untersuchungseinheiten möglich macht, gar
nicht vor. Dies kann die unterschiedlichsten Gründe haben. So gibt es
eine Reihe von Grundgesamtheiten für die überhaupt keine Auswahlgrundlage existiert, mögliche Vorsichnisse sind zu groß oder unvollständig,
oder aber Datenschutzgründe verwehren den direkten Zugriff auf ein
bestehendes Verzeichnis.

Solche Probleme entstehen beispielsweise fast immer dann, wenn
Bevölkerungsstichproben erhoben werden sollen. Ein mögliches Verzeichnis wie die Einwohnermeldekartei ist dann oft technisch nicht
zugreifbar, unvollständig oder darf, da die Erhebung nicht allgemeinen Interessen dient, aus Gründen des Datenschutzes nicht be-

nutzt werden.

Für Stichprobenerhebungen im gesundheitspolitischen Bereich gelten
solche Gründe um so mehr, denn das persönliche Selbstbestimmungs-
recht ist in solchen Fällen über die Maßen berührt.

Will man gar eine Waldschadenserfassung durchführen, so ist ein di-
rektes Auswahlverzeichnis vollkommen undenkbar.

Um sich diesem Dilemma zu entziehen, versucht man in solchen wie den
angesprochenen Fällen die Untersuchungseinheiten nicht direkt sondern
stufenweise zu erheben.

Für eine repräsentative Stichprobe aus der Bevölkerung könnte man
dazu zunächst Gemeinden, innerhalb von Gemeinden Haushalte und erst
in den ausgewählten Haushalten nach Einholung einer Einverständnis-
erklärung interessierende Zielpersonen auswählen.

Eine repräsentative Begutachtung von Waldschäden könnte dann z.B.
so durchgeführt werden, daß man über speziell partitionierte Land-
karten zunächst Flächenstücke, darin Waldparzellen und erst in den
so bestimmten Waldstücken einzelne Bäume auswählt.

Dieses Prinzip der stufenweisen Erfassung von interessierenden Untersuchungseinheiten kann man sich auch durch die Abb. 5.1 verdeutlichen, die
eine schematische Darstellung der ADM-MSP, der sogenannten Muster-Stichproben-Pläne des Arbeitskreises Deutscher Marktforschungsinstitute (vgl.
SCHÄFER(1979)) beinhaltet.

Neben der Tatsache, daß ein solches Vorgehen oftmals die einzige Möglichkeit darstellt, eine repräsentative Erhebung durchzuführen, liegen
die Vorteile der Stufenbildung im allgemeinen im organisatorischen und
wirtschaftlichen Bereich. Im einzelnen sind folgende zentrale Vorteile
zu nennen.

Ein wesentlicher Aspekt der sukzessiven Erfassung von Untersuchungseinheiten ist, daß eine Auswahlgrundlage immer nur für jede Stufe einzeln
zu beschaffen ist, so daß man sich diesbezüglich auf praktisch reali-
sierbare Datenbestände beschränken kann.

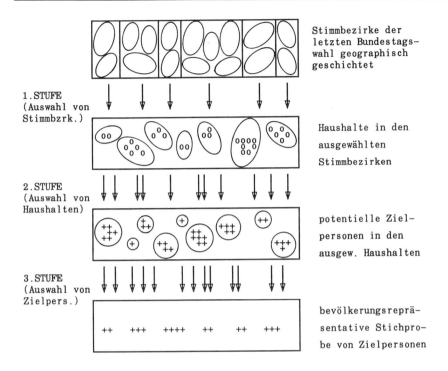

Stimmbezirke der
letzten Bundestags-
wahl geographisch
geschichtet

1.STUFE
(Auswahl von
Stimmbzrk.)

Haushalte in den
ausgewählten
Stimmbezirken

2.STUFE
(Auswahl von
Haushalten)

potentielle Ziel-
personen in den
ausgew. Haushalten

3.STUFE
(Auswahl von
Zielpers.)

bevölkerungsreprä-
sentative Stichpro-
be von Zielpersonen

Abb. 5.1:   Muster – Stichproben – Pläne des Arbeitskreises Deutscher
Marktforschungsinstitute (ADM – MSP) (vgl. SCHÄFER(1979))

Für die Bevölkerungsstichproben im Rahmen der ADM-MSP bedeutet
dies beispielsweise für die

1. Stufe: Hier ist nur ein Verzeichnis der Stimmbezirke der Bundes-
          tagswahl zu beschaffen (z.B. über den Bundeswahlleiter).
          Weitere Detailkenntnisse sind nicht erforderlich.

Nur für die ausgewählten Stimmbezirke gilt dann für die

2. Stufe: Hier ist eine Liste der Haushalte ($\hat{=}$ Türklingeln) durch
          Begehung zu ermitteln.

Nur in den ausgewählten Haushalten gilt dann für die

3. Stufe: Hier ist letztlich eine "Liste" aller potentiellen Ziel-
          personen zu ermitteln (dies entspricht nur der Anzahl,
          da die Auswahl durch den Schwedenschlüssel erfolgt, vgl.

die Ziehungstechnik 5 in Abschnitt 3.1).

Diese Vorgehensweise erleichtert die Erhebungsorganisation erheblich und
bietet gleichzeitig eine ausgezeichnete Gewährleistung des Datenschutzes, denn die Erhebung von Zielpersonen erfolgt bis auf Haushaltsebene
anonym, so daß eine auszuwählende Person eine freie Entscheidungsmög-
lichkeit zur Teilnahme an der Erhebung besitzt.

Weiterhin wird die technische Organisation einer Erhebung durch eine
durch die Stufenbildung erfolgte Bündelung der Feldarbeit sehr vereinfacht. Als Konsequenz ergibt sich damit fast immer eine Ersparnis an
Wegezeiten und Kosten.

Demgegenüber hat die Stufenbildung allerdings auch einige Nachteile, die
sich durchaus auf die Repräsentativität der Ergebnisse auswirken können.

Meiste Beachtung muß in diesem Zusammenhang der Tatsache geschenkt werden, daß es mitunter eine ausgesprochen hohe Assoziation der ausgewählten Einheiten untereinander geben kann.

Bei einer Bevölkerungserhebung gemäß ADM-MSP muß beispielsweise
immer berücksichtigt werden, daß Stimmbezirke relativ kleine räum-
liche Einheiten darstellen, denn nach dem Bundeswahlgesetz dürfen
in einem solchen Bezirk maximal 2500 wahlberechtigte Bürger wohnen.
Damit ist ein Stimmbezirk immer mit einer Wohngegend gleichzuset-
zen, in der unter Umständen relativ "ähnliche" Bürger wohnen. Ist
der Erhebungsgegenstand mit diesem demoskopischen Tatbestand asso-
ziiert, ist dann zwangsläufig mit einer Verzerrung der Ergebnisse
in Bezug zur Gesamtbevölkerung zu rechnen.

Als weiteres Beispiel zu einer solchen Verzerrung mag eine Erhebung
aus dem Gesundheitsbereich dienen, bei dem Patienten nicht direkt,
sondern über eine erste Auswahlstufe in Form von Krankenhäusern erhoben werden. Wählt man auf der ersten Stufe z.B. ein Universitäts-
krankenhaus aus, so ist es denkbar, daß wesentlich mehr komplizier-
tere Fälle in die Stichprobe gelangen als das dem gesamten Krank-
heitsbild in der Bevölkerung entspricht, da gerade die komplizierten Fälle übewiegend in die Spezialklinik überwiesen werden.

Neben diesen die Repräsentanz der Erhebung störenden Einflüssen kann
sich aber auch schon allein ein Problem dadurch ergeben, daß die Einhei-

ten auf den Stufen unterschiedliche Größe besitzen. Man denke in diesem
Zusammenhang beispielsweise an die Erhebung von Gemeinden, deren Bevöl-
kerungsumfänge sehr unterschiedlich sind.

Zusammenfassend kann somit gesagt werden, daß die Vorteile der stufenweisen Erhebung insbesondere im technisch-organisatorischen Bereich liegen, während die Nachteile im Bereich der Repräsentanzsicherung bzw. der
Auswertung zu finden sind.

Deshalb sollte im Gegensatz zur Konstruktion von Schichten hier immer
die folgende Grundregel beachtet werden.

> Die Auswahleinheiten auf den Stufen sollten
> in sich heterogen und untereinander homogen sein

Mit anderen Worten heißt dies, daß jede Auswahleinheit ein repräsentatives Abbild der Grundgesamtheit sein sollte.

5.2 EINSTUFIGE ZUFALLSAUSWAHL

Mit der Einführung des Prinzips zur Bildung von Stufen und den damit
einhergehenden Schwierigkeiten der Repräsentanzsicherung ergibt sich eine Reihe von formalen Gesichtspunkten, von denen hier die wesentlichen
zu beachtenden aufgeführt werden.

Dazu gehört zunächst die

Definition 5.1:

   (a) Zerlegt man eine Grundgesamtheit in K disjunkte Teilmengen vom
   Umfang M_i, $i=1,\ldots,K$, mit $\sum\limits_{i=1}^{K} M_i = N$ und wählt man aus diesen
   Mengen k zufällig aus, so heißen die Teilmengen Klumpen und das
   Auswahlverfahren Klumpenauswahl.

(b) Gehen alle ausgewählten Einheiten in die Untersuchung ein, so
bezeichnet man das Verfahren als einstufig.

(c) Wird das Prinzip aus (a) in den ausgewählten Klumpen wiederholt, so heißt das Verfahren mehrstufig.

Zur formalen Behandlung einer Auswahl der Untersuchungseinheiten mittels
des Prinzips der Stufenbildung soll in diesem Abschnitt zunächst davon
ausgegangen werden, daß nur eine einzige Stufe zur Auswahl gebildet wird.
Die dazu notwendige Notation ist nachfolgend zusammengestellt.

Definition 5.2: Bei einer einstufigen Klumpenauswahl sei

K	Anzahl der Klumpen,
M_i	Anzahl der Einheiten im i-ten Klumpen, $i = 1,\ldots,K$,
$N = \sum\limits_{i=1}^{K} M_i$	Gesamtzahl der Untersuchungs- einheiten,
U_{ij}	j-te Einheit im i-ten Klumpen, $j = 1,\ldots M_i$, $i = 1,\ldots,K$,
Y_{ij}	Merkmalswert von U_{ij}, $j = 1,\ldots,M_i$, $i = 1,\ldots,K$,
$Y_{i.} = \sum\limits_{i=1}^{M_i} Y_{ij}$	i-te Klumpensumme,
$\bar{Y}_{i.} = \dfrac{1}{M_i} \sum\limits_{j=1}^{M_i} Y_{ij}$	Durchschnitt im i-ten Klumpen,
$\bar{Y} = \dfrac{1}{K} \sum\limits_{i=1}^{K} Y_{i.} = \dfrac{1}{K} \sum\limits_{i=1}^{K} \sum\limits_{j=1}^{M_i} Y_{ij}$	durchschnittliche Klumpensumme,
$\bar{Y}_{..} = \dfrac{1}{N} \sum\limits_{i=1}^{K} \sum\limits_{j=1}^{M_i} Y_{ij}$	Merkmalsdurchschnitt,
$S_Y^2 = \dfrac{1}{N-1} \sum\limits_{i=1}^{K} \sum\limits_{j=1}^{M_i} (Y_{ij} - \bar{Y}_{..})^2$	Varianz der Gesamtheit.

Auch hier ist wiederum das Ziel einen Schätzer für den unbekannten Mittelwert $\bar{Y}..$ der Grundgesamtheit in der Form anzugeben, daß damit ein Repräsentanzschluß durchgeführt werden kann.

Betrachtet man dazu zunächst den Spezialfall, daß $M_i \equiv M$, $i=1,\ldots,K$, gilt, so sind folgende Aussagen möglich:

Satz 5.3:   Werden bei einstufiger Klumpenauswahl aus K Klumpen der Größe

M k durch einfache Zufallsstichprobe gezogen, dann gilt:

(a) $\hat{\bar{Y}}.. = \dfrac{1}{M \cdot k} \sum\limits_{i=1}^{k} Y_i.$ ist ein erwartungstreuer Schätzer für $\bar{Y}..$,

(b) $\text{Var } \hat{\bar{Y}}.. = \dfrac{1}{M^2 k} (1- \dfrac{k}{K}) \dfrac{1}{K-1} \sum\limits_{i=1}^{K} (Y_i. - \bar{Y})^2$

$=: \dfrac{1}{M^2 k} (1- \dfrac{k}{K}) \cdot S_c^2$.

Mit Satz 5.3 ist es somit auch durch dieses Auswahlverfahren möglich einen repräsentativen Schluß auf die Grundgesamtheit durchzuführen. Hierbei muß allerdings darauf geachtet werden, daß eine Stichprobe vom Umfang 1 schon zu M ausgewählten Einheiten führt. Deshalb geht in die Varianzformel 5.3(b) sowohl ein Varianzanteil im Klumpen und ein Anteil zwischen den Klumpen ein.

Dies wird dann deutlich, wenn man den Ausdruck S_c^2 in folgender Art und Weise umrechnet:

$$\sum\limits_{i=1}^{K} (Y_i. - \bar{Y})^2 = \sum\limits_{i=1}^{K} \left[\sum\limits_{j=1}^{M} Y_{ij} - M \bar{Y}.. \right]^2 = \sum\limits_{i=1}^{K} \left[\sum\limits_{j=1}^{M} (Y_{ij} - \bar{Y}..) \right]^2$$

$$= \sum\limits_{i=1}^{K} \left\{ \left[\sum\limits_{j=1}^{M} (Y_{ij} - \bar{Y}..) \right] \left[\sum\limits_{j'=1}^{M} (Y_{ij'} - \bar{Y}..) \right] \right\}$$

$$= \sum\limits_{i=1}^{K} \left\{ \sum\limits_{j=1}^{M} (Y_{ij} - \bar{Y}..)^2 + \sum\limits_{\substack{j \neq j'}}^{M}\sum\limits^{M} (Y_{ij} - \bar{Y}..)(Y_{ij'} - \bar{Y}..) \right\}$$

$$= (N-1) \cdot S_Y^2 + \sum\limits_{i=1}^{K} \sum\limits_{j=1}^{M} \sum\limits_{\substack{j'=1 \\ j \neq j'}}^{M} (Y_{ij} - \bar{Y}..)(Y_{ij'} - \bar{Y}..) \quad .$$

Der zweite Summand in obigem Ausdruck hat gewisse Ähnlichkeit mit einer diskreten Kovarianz bzw. Korrelation (vgl. 2.23 bzw. 2.25).

Man definiert deshalb:

Definition 5.4:   Die Größe

$$\rho_w := \frac{1}{(M-1)(N-1)\cdot S_Y^2} \sum_{i=1}^{K} \sum_{j=1}^{M} \sum_{\substack{j'=1 \\ j \neq j'}}^{M} (Y_{ij}-\bar{Y}..)(Y_{ij'}-\bar{Y}..)$$

heißt Intraklass - Korrelationskoeffizient.

Diese Größe ist ein Maß für den Zusammenhang zwischen den Merkmalswerten innerhalb eines Klumpens. Der Intraklass-Korrelationskoeffizient ist keine gewöhnliche Korrelation, da nicht zwei Variablen, sondern nur eine betrachtet wird, und zudem gilt:

$$-\frac{1}{M-1} \leq \rho_w \leq 1 \ .$$

Mit diesem Korrelationsbegriff gilt dann für die Varianz aus 5.3(b)

$$\text{Var } \hat{\bar{Y}}.. = \frac{1}{M^2 k} (1-\frac{k}{K}) \frac{1}{K-1} \cdot \left[(N-1) \ S_Y^2 + (M-1)(N-1) \ S_Y^2 \cdot \rho_w \right]$$

$$= \frac{1}{M^2 k} (1-\frac{Mk}{MK}) \frac{1}{K-1} (N-1) \ S_Y^2 \left(1+(M-1)\cdot \rho_w \right)$$

$$= \frac{1}{M\cdot k} (1-\frac{Mk}{MK}) \frac{MK-1}{M(K-1)} \ S_Y^2 \left(1+(M-1)\cdot \rho_w \right)$$

$$\approx \frac{1}{M\cdot k} (1-\frac{Mk}{MK}) \ S_Y^2 \left(1+(M-1)\cdot \rho_w \right) \qquad , \text{ da } \frac{KM-1}{K-1} \approx M$$

$$= \text{Var } \bar{y}. \ \cdot \left(1+(M-1)\cdot \rho_w \right) \qquad ,$$

wobei Var $\bar{y}$. die Varianz der Mittelwertschätzung bezeichnet, wenn eine einfache Zufallsstichprobe gezogen wird.

Zusammenfassend kann man damit sagen, daß sich die Varianz der Mittel-wertschätzung im einstufigen Klumpenauswahlverfahren im wesentlichen dadurch ergibt, daß man die entsprechende Varianz der einfachen Zufalls-stichprobe mit einem Faktor multipliziert, der vom Zusammenhang des be-trachteten Merkmals innerhalb eines Klumpens abhängt. Dieser Faktor spiegelt somit den im Gegensatz zur einfachen Zufallsstichprobe gültigen

Stichprobenplan (Design) wider. Das führt zu der folgenden Bezeichnungsweise

Definition 5.5:   Bei einer einstufigen Klumpenauswahl heißt die Größe

$$\left(1+(M-1)\cdot\rho_w\right) \ ,$$

Designeffekt.

Diese Bezeichnungsweise gilt allgemein für den Vergleich eines beliebigen Auswahlverfahrens mit der einfachen Zufallsauswahl. Der Designeffekt
stellt hier den Faktor dar, mit dem die Varianz der einfachen Zufallsauswahl multipliziert werden muß, um die der einstufigen Auswahl zu erhalten.

Im Spezialfall der einstufigen Auswahl findet man aber auch oft die Bezeichnung Varianzaufblähungsfaktor, denn in der Regel wird ρ_w Werte
größer Null annehmen, so daß der Designfaktor größer eins und die Varianz des einstufigen Verfahrens größer – also "aufgebläht" – wird.

Damit kann der Intraklass-Korrelationskoeffizient ρ_w als Hilfe bei der
Entscheidung zwischen einer einfachen Zufallsauswahl und einer Klumpenauswahl benutzt werden, denn falls

$$\rho_w \begin{cases} < 0, \text{ dann ist das Klumpenverfahren genauer,} \\ = 0, \text{ dann sind Klumpen- und einfache Zufallsauswahl gleich,} \\ > 0, \text{ dann ist die einfache Zufallsstichprobe genauer.} \end{cases}$$

Diese Aussagen gelten im strengen Sinn zwar nur dann, wenn die Größe der
Klumpen konstant ist, finden aber auch in dem allgemeineren Fall von
Klumpen unterschiedlicher Größe ihre Anwendung.

So ist es denkbar, daß man vor der eigentlichen Durchführung einer Bevölkerungsstichprobe mittels Stimmbezirken (dies entspricht
Wohngegenden) zunächst über die Intraklass-Korrelation den Zusammenhang in diesen Klumpen prüft, und erst dann eine Entscheidung
über das durchzuführende Auswahlverfahren fällt.

Will man eine Klumpenstichprobe in der praktischen Arbeit realisieren,
so wird man in der Regel nur selten Klumpen gleicher Größe definieren

können, so daß man sich dem praktisch relevanteren Fall von <u>Klumpen</u>
<u>unterschiedlicher Größe</u> zuwenden muß.

Hierbei entsteht allerdings die Schwierigkeit, daß man den wahren Stichprobenumfang nicht kontrollieren kann, denn mit der zufälligen Auswahl
von Klumpen unterschiedlicher Größe ist auch der konkrete Auswahlumfang
Realisation einer Zufallsvariablen.

Eine analog zu Satz 5.3 durchgeführte Auswertung muß deshalb nicht immer
von Vorteil sein, denn die Zufälligkeit des Stichprobenumfangs erhöht
die Variabilität der Schätzung unter Umständen so sehr, daß die Ergebnisse nicht mehr zuverlässig sind. Zur Schätzung des Mittelwertes werden deshalb drei <u>alternative Schätzer</u> angegeben.

<u>Satz 5.6</u>: Zieht man aus K Klumpen unterschiedlicher Größe k mittels
einfacher Zufallsstichprobe, so gilt:

(a) (i) $\hat{\bar{Y}}_{..(a)} = \frac{K}{N \cdot k} \sum\limits_{i=1}^{k} Y_i.$ ist ein erwartungstreuer Schätzer für $\bar{Y}..$,

(ii) $\text{Var } \hat{\bar{Y}}_{..(a)} = \frac{1}{N^2} \frac{K^2}{k} (1-\frac{k}{K}) \frac{1}{K-1} \sum\limits_{i=1}^{K} (Y_i. - \bar{Y})^2$;

(b) (i) $\hat{\bar{Y}}_{..(b)} = \frac{1}{k} \sum\limits_{i=1}^{k} \bar{Y}_i.$ ist ein verzerrter Schätzer für $\bar{Y}..$,

(ii) $\text{Var } \hat{\bar{Y}}_{..(b)} = \frac{1}{k} (1-\frac{k}{K}) \frac{1}{K-1} \sum\limits_{i=1}^{K} \left(\bar{Y}_i. - \frac{1}{K} \sum\limits_{j=1}^{K} \bar{Y}_j.\right)^2$;

(c) (i) $\hat{\bar{Y}}_{..(c)} = \frac{1}{\sum\limits_{i=1}^{k} M_i} \cdot \sum\limits_{i=1}^{k} Y_i.$ ist verzerrter Schätzer für $\bar{Y}..$,

(ii) $\text{Var } \hat{\bar{Y}}_{..(c)} \approx \frac{K^2}{N^2} \frac{1}{k} (1-\frac{k}{K}) \frac{1}{K-1} \sum\limits_{i=1}^{K} M_i^2 (\bar{Y}_i. - \bar{Y}..)^2$.

An dieser Stelle sei noch einmal erwähnt, daß die Angabe von verschiedenen Schätzern deshalb notwendig ist, da der <u>wahre Stichprobenumfang</u> als
Summe der vor Beginn der Stichprobenerhebung unbekannten Klumpenumfänge
gebildet wird und deshalb eine <u>Zufallsvariable</u> darstellt.

Während der Schätzer in (a) eine Linearkombination der erhobenen Merkmalswerte darstellt und deshalb erwartungstreu ist, gehen in (b) und (c)

die zufälligen Größen M_i als Quotient ein, so daß diese Schätzer verzerrt sind.

Diese Verzerrungen werden aber bewußt in Kauf genommen, denn die Varianzen dieser Schätzungen sind in der Regel geringer. Im einzelnen gilt:

Die Varianz von $\hat{\bar{Y}}_{..(a)}$ ist groß bei stark schwankender Klumpengröße,
denn diese ist abhängig von den Merkmalssummen in den Klumpen, so daß
die Varianz hauptsächlich von den Klumpenumfängen bestimmt wird. Selbst
bei identischen Merkmalsdurchschnitten in den Klumpen ist die Varianz
dann also groß.

Im Gegensatz dazu ist $\text{Var } \hat{\bar{Y}}_{..(b)}$ im allgemeinen geringer, da hier eine
Abhängigkeit von den Klumpenmittelwerten vorliegt, und eine Situation
wie in (a) damit nicht entstehen kann.

Die Schätzung in (c) stellt einen Kompromiß zu den beiden extremen Situationen in (a) und (b) dar, denn die Varianz des Schätzers in (c) ist größer als die in (b) und die Verzerrung kleiner.

Formal wird damit für die drei Varianzen der Schätzer in Satz 5.6 gelten, daß

$$\text{Var } \hat{\bar{Y}}_{..(a)} > \text{Var } \hat{\bar{Y}}_{..(c)} > \text{Var } \hat{\bar{Y}}_{..(b)} \quad ,$$

und für die Verzerrungen, daß

$$0 = \left| B(\hat{\bar{Y}}_{..(a)}) \right| < \left| B(\hat{\bar{Y}}_{..(c)}) \right| < \left| B(\hat{\bar{Y}}_{..(b)}) \right| \quad .$$

Faßt man die drei Schätzer aus Satz 5.6 als stetig verteilte Zufallsvariablen auf, so kann man sich diese Aussagen auch an nachfolgender Abb.
5.2 veranschaulichen.

Die im Anwendungsfall zu treffende Entscheidung für einen dieser drei
Schätzer hängt somit vom Vorwissen über den Untersuchungsgegenstand ab.
Eine generelle Entscheidung zu Gunsten einer der drei Alternativen kann
deshalb nicht gegeben werden.

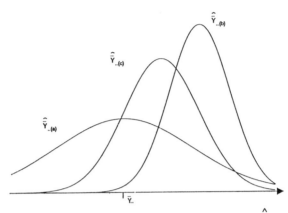

<u>Abb. 5.2</u>: Stetige Approximationen der Verteilungen von $\hat{\bar{Y}}_{..(a)}$, $\hat{\bar{Y}}_{..(b)}$

und $\hat{\bar{Y}}_{..(c)}$ aus Satz 5.6

5.3 MEHRSTUFIGE ZUFALLSAUSWAHL

Nach Definition 5.1(c) heißt ein Verfahren mehrstufig, wenn aus den ausgewählten Klumpen weitere Stichproben entnommen werden.

Dies führt prinzipiell zu der Vorgehensweise wie sie in der Abb. 5.3
dargestellt ist (vgl. auch Abb. 5.1).

Wie bei der einstufigen Auswahl mit unterschiedlichen Klumpengrößen ergibt sich nun das Problem, daß der <u>Umfang der Auswahlgrundlage</u> der 2.
Stufe <u>zufällig</u> ist.

Auch hier wird deshalb die Schätzerkonstruktion und Varianzberechnung
erschwert, doch kann man im Gegensatz zur einstufigen Erhebung die zufälligen Auswahlen der einzelnen Stufen als Komponenten eines Gesamtzu-
fallsverfahrens auffassen und eine entsprechende Zerlegung vornehmen.

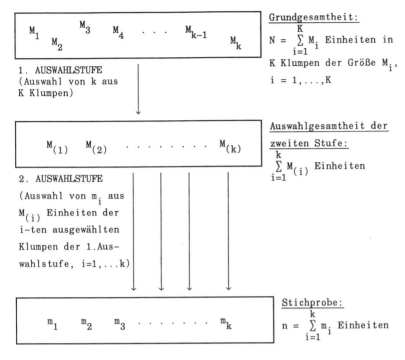

Abb. 5.3: Schematische Darstellung der zweistufigen Zufallsauswahl

Die Formulierung dieser angesprochenen Zerlegungsstrategie enthält der

Satz 5.7: Bei einem zweistufigen Auswahlverfahren sei Y_{ij} der unbekannte Merkmalswert der j-ten Untersuchungseinheit im i-ten Klumpen,
$i = 1,\ldots,K$, $j = 1,\ldots,M_i$ und y_{ij} der Merkmalswert der j-ten erhobenen Untersuchungseinheit im i-ten gezogenen Klumpen der Stichprobe, $i = 1,\ldots,k$, $j = 1,\ldots,m_i$. Dann gilt

(a) $\hat{\bar{Y}}.. = \dfrac{1}{N}\dfrac{K}{k}\sum\limits_{i=1}^{k}\dfrac{M_i}{m_i}\sum\limits_{j=1}^{m_i} y_{ij}$ ist ein erwartungstreuer Schätzer

$$\text{für } \bar{Y}.. = \frac{1}{N}\sum_{i=1}^{K}\sum_{j=1}^{M_i} Y_{ij} \quad,$$

(b) $\operatorname{Var}\hat{\bar{Y}}.. = \dfrac{1}{N^2}\cdot\left\{ \dfrac{K^2}{k}\left(1-\dfrac{k}{K}\right)S_b^2 + \sum\limits_{i=1}^{K}\dfrac{K}{k}\dfrac{M_i^2}{m_i}\left(1-\dfrac{m_i}{M_i}\right)S_{wi}^2 \right\} \quad,$

$$\text{wobei} \quad S_b^2 = \frac{1}{K-1} \sum_{i=1}^{K} (Y_{i.} - \bar{Y})^2 \quad \text{mit} \quad \bar{Y} = \frac{1}{K} \sum_{i=1}^{K} Y_{i.}$$

die Varianz zwischen (between) den Klumpen

$$\text{und} \quad S_{wi}^2 = \frac{1}{M_i-1} \sum_{j=1}^{M_i} (Y_{ij} - \bar{Y}_{i.})^2 \quad \text{mit} \quad \bar{Y}_{i.} = \frac{1}{M_i} \sum_{j=1}^{M_i} Y_{ij}$$

die Varianz innerhalb (within) des i-ten Klumpens,

$i = 1, \ldots, K$.

Den erwartungstreuen Schätzer in 5.7 (a) erhält man gerade dadurch, daß man den Merkmalswert einer ausgewählten Einheit mit dem Kehrwert der entsprechenden Auswahlwahrscheinlichkeit gewichtet und dann über alle erhobenen Einheiten aufsummiert.

Dieses Vorgehensweise kann durchaus als allgemeines Prinzip der Stichprobentheorie bezeichnet werden, denn diese Eigenschaft gilt auch für die anderen bislang behandelten Zufallsstichproben, sowie für die Mehrzahl der im Rahmen dieser Einführung nicht behandelten speziellen Auswahlmechanismen (man vgl. hierzu z.B. auch die Schätzerkonstruktion bei geschichteten Stichproben und den Ausblick in Kapitel 8).

Für die Varianz des Schätzers gilt die angesprochene Zerlegung in die Komponenten der "Gesamtzufallsauswahl". Hierbei repräsentiert die Größe S_b^2 den Varianzanteil der Auswahl auf der ersten Stufe und S_{wi}^2 den auf der zweiten Stufe.

Diese Prinzipien können auch auf mehr als zwei Stufen verallgemeinert werden. Zur Schätzung wird dann für jede Auswahlstufe der Kehrwert der jeweiligen Auswahlwahrscheinlichkeit benutzt, die Varianz zerfällt in eine der Stufenanzahl entsprechenden Zahl von Varianzkomponenten.

5.4 ÜBUNGSAUFGABEN

Aufgabe 5.1:
Gegeben sei eine Grundgesamtheit, welche aus K Klumpen mit je M Einheiten besteht. Zur Schätzung des Anteils P eines bestimmten Merkmals zieht
man eine einfache Zufallsstichprobe von k Klumpen.

Geben Sie einen erwartungstreuen Schätzer für P an, und berechnen Sie
seine Varianz.

Aufgabe 5.2:
Gegeben sei eine Grundgesamtheit, die aus zwei Klumpen mit jeweils drei
Elementen besteht. Die Einheiten der Grundgesamtheit haben folgende
Merkmalswerte

Klumpen 1	5	19	47
Klumpen 2	8	25	37

(a) Berechnen Sie den Intraklass-Korrelationskoeffizienten.

(b) Berechnen Sie die Varianz des Schätzers für den Mittelwert $\bar{Y}..$.

Aufgabe 5.3:
Bei einer Laboruntersuchung wurde auf einem Nährboden eine Vollerhebung
einer bestimmten Bakterienart durchgeführt. Durch elektronische Raste-
rung wird der Nährboden nun in 2400 Flächensegmente zerlegt und K Klumpen mit je M Flächensegmenten gebildet, sowie die Anzahl der Bakterien
je Segment bestimmt. Für verschiedene Klumpengrößen M können damit die
Klumpenvarianzen S_c^2 ermittelt werden, wie sie in nachstehender Tabelle
aufgeführt sind.

M	1	4	16	36	64
S_c^2	14	120	1250	5800	16500

Berechnen Sie für die verschiedenen Klumpengrößen

(a) die relative Effizienz (Quotient der entsprechenden Varianzen) der einfachen Zufalls- und der Klumpenstichprobe und

(b) den Intraklass-Korrelationskoeffizienten.

Aufgabe 5.4:

Bei der CD-Produktion der Firma *Schall & Rausch* treten leider auch Qualitätsmängel auf, die während der Herstellung nicht bemerkt werden. Zur Qualitätsprüfung vor Auslieferung wird deshalb aus den 1000 bereits verpackten Kartons eines Produktionsabschnittes eine einfache Zufallsstichprobe von 10 Kartons entnommen und hierin werden jeweils alle 20 CD's auf ihre Qualität überprüft. Bei dieser Überprüfung stellten sich 3, 1, 0, 0, 1, 0, 1, 2, 0 bzw. 0 CD's als defekt heraus.

Schätzen Sie den Anteil defekter CD's während des Produktionsabschnittes erwartungstreu.

Aufgabe 5.5 :

Für eine soziologische Untersuchung wird in einem Wohnbezirk einer Großstadt eine einfache Zufallsstichprobe vom Umfang 20 aus den 1600 Haushalten dieser Gegend entnommen und hierin alle im Haushalt lebenden Personen befragt. Eine Zielgröße der Studie beinhaltet dabei die Frage nach den durchschnittlichen Ausgaben im Monat pro Haushalt insgesamt für kulturelle Zwecke, wie Theaterbesuche etc. .

Die Ergebnisse dieser Umfrage enthält die nachfolgende Tabelle:

Haushalt	1	2	3	4	5	6	7	8	9	10
Haushaltsgröße	4	3	1	3	3	1	5	2	4	4
Ausgaben für kulturelle Zwecke/Monat (insgesamt) -in DM-	100	0	50	100	50	200	0	300	50	50

Haushalt	11	12	13	14	15	16	17	18	19	20
Haushaltsgröße	1	3	1	2	6	4	2	3	4	2
Ausgaben für kulturelle Zwecke/Monat (insgesamt) -in DM-	0	100	0	200	100	0	0	60	0	20

Geben Sie Schätzer für die durchschnittlichen Ausgaben pro Person und Monat der in diesem Stadtteil lebenden Bevölkerung an, und vergleichen

Sie die Ergebnisse, wenn Sie voraussetzen können, daß insgesamt 5000 Personen in diesem Stadtteil leben.

Aufgabe 5.6 :

Der Gemeinderat eines Kurortes ist über die Berichterstattung von Waldschäden besorgt und veranlaßt deshalb die Durchführung einer regionalen Forstinventur der Waldbestände mit gleichzeitiger Schadenserfassung innerhalb der Gemeindegrenzen. Um einen ersten Einblick zu bekommen, werden die Waldbestände der Gemeinde mittels einer Landkarte in 1000 gleich große Flächenstücke zerlegt, von denen 10 ausgewählt und vor Ort untersucht werden. Hierbei wird zunächst die Anzahl der Bäume pro Fläche ermittelt, danach 5 davon mittels einfacher Zufallsauswahl ausgewählt und an diesen der Silizium-Gehalt (in g/kg) ermittelt. Schließlich erhält jeder ausgewählte Baum eine Bewertung, ob dieser geschädigt ist oder nicht.

Die nachfolgende Tabelle enthält die Zusammenfassung dieser Stichprobenergebnisse:

Flächeneinheit	1	2	3	4	5	6	7	8	9	10
Anzahl der Bäume -insgesamt-	110	180	120	150	30	70	140	160	50	190
durchschn. Silizium-Gehalt (in g/kg) in der Stichprobe	4	5	3	1	12	14	2	7	8	10
Anzahl der geschädigten Bäume in der Stichprobe	1	0	2	0	5	5	0	1	3	5

(a)   Schätzen Sie den durchschnittlichen Silizium-Gehalt der Bäume der Gemeinde und

(b)   schätzen Sie den Anteil geschädigter Bäume erwartungstreu, wenn Sie davon ausgehen, daß der gesamte Waldbestand aus ca. 120000 Bäumen besteht.

Kapitel 6
Beurteilungsstichproben

Die Ausführungen in den vorangegangenen Kapiteln haben gezeigt, daß es
zur Erstellung repräsentativer Stichproben notwendig ist, einen Auswahlplan anzugeben, der es erlaubt, von den Ergebnissen der Stichprobe auf
die Grundgesamtheit zu schließen.

Diese Forderung der Repräsentativität wurde bislang dadurch erfüllt, daß
wie bei einem Losverfahren jede Untersuchungseinheit der Stichprobe zufällig aus der Grundgesamtheit entnommen wurde. Damit besteht eine berechenbare Chance, daß die "Struktur der Grundgesamtheit" und die "Struktur der Stichprobe" übereinstimmen, und der angestrebte Rückschluß erlaubt ist.

Die Definition 1.6, in der die Repräsentativität einer Stichprobe gefor-
dert wird, schreibt diese Vorgehensweise allerdings nicht zwingend vor.
Anstelle des Zufallsprinzips ist es andererseits auch denkbar, daß man
eine Auswahl von Untersuchungseinheiten ganz bewußt so vornimmt, daß die
Stichprobe ein "Abbild" der Grundgesamtheit darstellt, und deshalb der
Rückschluß durchgeführt werden darf.

Stichproben, die auf solchen bewußten, nicht-zufälligen Prinzipien beru-
hen, werden auch als Beurteilungsstichproben, Auswahlen nach Gutdünken
oder "judgement sampling" bezeichnet. Sie kommen vorwiegend dann zum
Einsatz, wenn die zu erhebenden Einheiten bestimmten Bevölkerungskreisen
entstammen und die Untersuchungsmerkmale Meinungen und Einstellungen von
Personen wiedergeben. Die Wurzeln dieser Erhebungsmethoden liegen deshalb auch in der Markt- und Meinungs-, sowie der empirischen Sozialforschung.

Im Unterschied zu einer Auswahl aufs Geratewohl, die häufig etwa bei
Passantenbefragungen durchgeführt wird und keinesfalls als repräsentativ
gelten kann, sind Beurteilungsstichproben dadurch gekennzeichnet, daß

ein Plan zur Auswahl von Untersuchungseinheiten vorliegt, der die Repräsentativität sichern soll.

Der Unterschied zur zufälligen Auswahl besteht dann aber gerade darin,
daß es durch die bewußte, gezielte Auswahl von Untersuchungseinheiten
nicht möglich ist, eine Auswahlwahrscheinlichkeit zu berechnen. Damit
kann man bei Beurteilungsstichproben die Merkmalswerte der Stichprobe
nicht als Zufallsvariablen auffassen. Die Berechnung eines Erwartungswertes, der Varianz oder einer Varianzschätzung ist deshalb ausgeschlossen.

Ausgehend von der Interpretation der Repräsentativität aus Definition
1.6 lautet die Argumentation hier, daß die Parameter der Stichprobe, wie
etwa der Mittelwert, Repräsentanten für die entsprechenden Größen in der
Grundgesamtheit sind. Der Schluß von der Stichprobe auf die Grundgesamtheit ist erlaubt, da die Auswahl bewußt so vorgenommen wird, daß die
Stichprobe der Gesamtheit entspricht.

Aus der Vielzahl unterschiedlicher Verfahren zur Gewinnung von Beurteilungsstichproben werden nun drei häufig verwendete vorgestellt.

6.1 TYPISCHE AUSWAHL

Beim Erhebungsverfahren der typischen Auswahl werden Einheiten in die
Stichprobenuntersuchung einbezogen, die mit Hilfe bestimmter, bekannter
Auswahlmerkmale als typisch für die Grundgesamtheit angesehen werden
können.

Diese Auswahlmethode geht somit von einer gewissen Vorkenntnis über die
Zusammensetzung der Grundgesamtheit aus und eignet sich besonders dann,
wenn die Grundgesamtheit überschaubar ist oder eine Vielzahl von Zusatz-
informationen über die zu betrachtende Population existiert.

Solche Vorinformationen liegen z.B. in der Investitionsgütermarktforschung häufig vor. Ist dann etwa die Investitionsbereitschaft
von Betrieben einer bestimmten Branche zu analysieren, so kann man
typische Betriebe gerade so auswählen, daß sie eine durchschnitt-

liche Beschäftigtenzahl oder marktübliche Jahresumsätze aufweisen.

Im Rahmen der Meinungsforschung kann die Auswahl typischer Haushalte etwa bedeuten, daß nur 4-Personen-Haushalte mit einem mittleren Einkommen in die Stichprobe gelangen sollen.

Liegen "ausreichende" Kenntnisse über die Grundgesamtheit vor, und hängt das zu erhebende Untersuchungsmerkmal mit diesen zusammen, so können durch eine typische Auswahl "relativ gute" Ergebnisse erzielt werden.

Für die Untersuchung der Investitionsbereitschaft von Betrieben einer bestimmten Branche bedeutet dies, daß der durchschnittliche Jahresumsatz als geeignetes Auswahlkriterium gelten kann. Die Beschäftigtenzahl zeichnet dann einen Betrieb als typisch aus, wenn beispielsweise Fragen der Betriebsorganisation im Vordergrund des Untersuchungsinteresses stehen.

Bei der Durchführung einer Meinungsumfrage in einem typischen Haushalt gelten in diesem Sinne ähnliche Aspekte. Ein 4-Personen-Haushalt kann dann als typisch gelten, wenn die Untersuchung beispielsweise die Akzeptanz täglicher Konsumgüter betrachten soll. Zur Beurteilung etwa eines politischen Parteienspektrums, wird eine andere Typisierung notwendig sein.

Die Repräsentativität der Stichprobe nach typischer Auswahl erklärt sich, wie obige Beispiele andeuten, damit ausschließlich aus dem für das Untersuchungsziel typischen Zusammenhang.

Aus diesem Grund ist die typische Auswahl allerdings wenig geeignet als allgemeines repräsentatives Verfahren zu gelten. Da Stichprobenuntersuchungen sich meist mit mehreren Themen befassen, wird es in der Regel äußerst schwierig sein, einen Zusammenhang zu allen zu erhebenden Merkmalen zu erlangen. Damit ist eine Typisierung dann oft nicht mehr aussagefähig.

Ein weiteres Problem dieser Auswahlmethode liegt in der Subjektivität, mit der die Bestimmung der Typisierung erfolgen kann. Da die Erhebung in starkem Maße durch Sachkunde geprägt ist, erhält man dann oftmals gerade die Ergebnisse, die man von vornherein erwartet hat. Dies gilt auch, da keine objektiven Auswahlkriterien vorliegen, für die Entscheidung, welche Einheit der Grundgesamtheit ausgewählt wird, wenn mehrere gleichartige Einheiten zur potentiellen Auswahl vorliegen.

MÜLLER(1979), S.117, stellt deshalb zurecht fest: *"Das Verfahren liefert nur grobe Repräsentanz."*, und fragt *"Darf der Begriff hier überhaupt noch verwendet werden ?"* .

Dennoch ist dieses Auswahlverfahren ein Erhebungsinstrument, das auch seine Berechtigung, besonders in der Vorbereitungsphase von Großuntersuchungen, findet. Bei solchen sogenannten Pilotstudien werden durch typische Auswahl dann z.b. Fragebögen getestet oder etwa die Akzeptanz spezieller Interviewtechniken überprüft.

6.2 AUSWAHL NACH DEM KONZENTRATIONSPRINZIP

Während bei der typischen Auswahl versucht wird durchschnittliche Untersuchungseinheiten in die Stichprobe aufzunehmen und damit die Grundgesamtheit angemessen zu repräsentieren, geht man bei der Auswahl nach dem Konzentrationsprinzip von der Vorstellung aus, daß die interessierenden Parameter der Gesamtheit nur von wenigen Untersuchungseinheiten bestimmt werden. Dann versucht man nur die Einheiten in die Stichprobe aufzunehmen, die für die Beschreibung der Population wesentlich und von besonderer Bedeutung sind. Nichtinformative, unwesentliche und unbedeutende Einheiten werden nicht berücksichtigt, sie werden abgeschnitten. Man spricht deshalb häufig auch von einem "cut-off"-Verfahren.

Diese Einengung der Grundgesamtheit ist vor allem dann sinnvoll, wenn ein kleiner Anteil der betrachteten Untersuchungseinheiten einen großen Anteil der Summe der interessierenden Merkmalswerte an sich bindet, d.h. wenn Konzentration auf nur wenigen Einheiten vorliegt. Dann wird die gezielte Auswahl dieser wenigen Einheiten ein sehr hohen Informationsgewinn mit sich bringen.

Folgendes Beispiel soll dieses Auswahlprinzip verdeutlichen (nach MÜLLER (1979), S.115f).

Um die Nachfrage von Investitionsgütern im Anlagenbau zu erforschen, soll eine Umfrage bei den potentiellen Kunden einer Industriebranche durchgeführt werden. Da solche Anlagen in der überwiegenden Zahl von Großbetrieben gekauft werden und kleinere Firmen nur in geringem Maße an der Nachfrage beteiligt sind, ist das zu erwartende Nachfragepotential auf wenige Betriebe konzentriert. Somit ist es naheliegend die Kleinbetriebe nicht bei der anstehenden Untersuchung zu berücksichtigen und die Erhebung nur in den Großbetrieben durchzuführen.

Ist die Konzentration besonders hoch, so ist auch eine Abwandlung dieses Verfahrens anzutreffen, das der geschichteten Zufallsauswahl sehr ähnlich ist. Dann wird in der Schicht der wichtigen Einheiten eine Totalerhebung durchgeführt, während unter den verbleibenden Einheiten eine Auswahl weniger Einheiten stattfindet. Dies ist besonders dann sinnvoll, wenn ein ausschließlicher Einfluß der wichtigen Einheiten nicht grundsätzlich zu vermuten ist, d.h. deren Einfluß groß aber nicht allein bestimmend ist.

Ein solches Konzentrieren auf wenige wesentliche Untersuchungseinheiten ist in der Regel immer mit einer Ersparnis von Zeit und Kosten verbunden. Zudem kann man mit einem vorgegebenen Untersuchungsbudget die Erhebung der Untersuchungsmerkmale wesentlich intensiver durchführen und so die Effizienz der Untersuchung steigern.

Andererseits ist bei dieser Erhebungsmethode jede einzelne Untersuchungseinheit in der Stichprobe von so großer Bedeutung, daß der Ausfall einer Einheit eine wesentliche Störung der Repräsentativität zur Folge haben kann (vgl. hierzu auch die Ausführungen in Kapitel 7).

Die Auswahl nach dem Konzentrationsprinzip erbringt dann "brauchbare" Ergebnisse, wenn Strukturen der Grundgesamtheit bekannt sind, und wenn die Konzentration bestimmt werden kann. Aus diesem Grunde wird das Verfahren auch häufig in der amtlichen Statistik verwendet (vgl. BÖLTKEN (1976), S. 27).

Wie bei der typischen Auswahl kann aber auch bei der Auswahl nach dem Konzentrationsprinzip das Problem auftreten, daß verschiedene, sogar andersartige Konzentrationen vorliegen, falls mehrere Merkmale erhoben werden. Dann muß eine vom Untersuchungsziel abhängige Auswahl der Einheiten aus der Grundgesamtheit vorgenommen werden.

Analog zur typischen Auswahl kann somit für die Auswahl nach dem Konzen-

trationsprinzip festgestellt werden, daß diese gerade dann zu einer repräsentativen Stichprobe führt, wenn durch ausreichende Vorinformationen
über die Grundgesamtheit ein Zusammenhang zum Erhebungsmerkmal herge-
stellt werden kann. Die Vor- und Nachteile dieser somit ausschließlich
auf subjektiver Sachkunde beruhenden Auswahlmethode gelten demnach hier
in gleichem Maße wie dies schon im Abschnitt 6.1 über die typische Auswahl angesprochen ist.

6.3 QUOTENAUSWAHL

Die wohl bekannteste Beurteilungsstichprobe und in vielen Anwendungsfällen ausschließlich verwendete Form einer repräsentativen Erhebung ist
die sogenannte Quotenauswahl.

Diese Auswahltechnik ist im Gegensatz zu anderen Auswahlverfahren nur
bei Befragungen durch Interviewer möglich, denn die eigentliche Auswahl
der Untersuchungseinheiten obliegt dem Interviewer. Im Gegensatz zu allen bisher vorgestellten Auswahlprozeduren wird hierbei allerdings keine
der Einheiten gezielt ausgewählt, d.h. es liegt kein fester Auswahlplan
vor, der dem Interviewer vorschreibt, welche der Einheiten der Grundgesamtheit er auszuwählen hat. Vielmehr hat der Interviewer eine freie
Auswahl bei der Erhebung und muß diese nur bestimmten Auflagen - den
sogenannten Quoten - anpassen.

Analog zu der geschichteten Auswahl, die in Kapitel 4 beschrieben ist,
wird durch eine solche Quote die Grundgesamtheit in Teilmengen zerlegt.
Eine Quote ist dann ein Schichtungskriterium, d.h. die Vorgabe eines
Verhältnisses in der Grundgesamtheit in dem die Untersuchungseinheiten
auch in der Stichprobe enthalten sein sollen.

Soll etwa in einem Krankenhaus eine Stichprobenuntersuchung von
Personen mit Atemwegserkrankungen durchgeführt werden, und sind 85%
der Patienten Raucher, so sollen bei einer Quotenauswahl aus dieser
Population auch 85% der in die Stichprobe gelangten Personen Raucher sein.

Führt man eine solche Anweisung exakt durch, so ist der Anteil von Einheiten mit der bestimmten Merkmalsausprägung in der Stichprobe gleich dem in der Grundgesamtheit. Dies entspricht der proportionalen Aufteilung bei geschichteter Auswahl (siehe Abschnitt 4.3.2). Bezüglich des Quotierungsmerkmals kann durch diese Vorgehensweise damit ein repräsentatives Abbild der Grundgesamtheit geschaffen werden.

Da man diese Repräsentativität nicht nur auf eine Quote beschränken will, werden in der Regel nicht nur eine, sondern mehrere Quoten angegeben. Zur übersichtlichen Darstellung dieser Vorgaben erstellt man dann den sogenannten Quotenplan, in dem alle Anweisungen enthalten sind, die ein Interviewer zu beachten hat. Der Interviewer ist dann nur angehalten diese Anweisungen zu befolgen, ansonsten ist er frei in der Auswahl der Erhebungseinheiten.

Ein einfaches Beispiel mag das bisher Gesagte verdeutlichen (nach MÜLLER (1979), S.114f).

Ein Hersteller von Baumaschinen will die Bedarfslage für die von ihm vertriebenen Produkte erkunden. In Zusammenarbeit mit einem beauftragten Marktforschungsinstitut glaubt man die Grundgesamtheit aller Bedarfsträger durch die Quotierungsmerkmale "Branche", "Betriebsgröße" und "geographische Region" ausreichend repräsentieren zu können.

Aufgrund der Kundenkartei des Auftraggebers, aus Branchenverzeichnissen und aus der amtlichen Statistik sind für die genannten Merkmale folgende Anteile an der Grundgesamtheit festgestellt worden:

Quotierungsmerkmale	Verteilung der Betriebe in %

(i) Branche
   – Ingenieur- und Straßenbau
   – Hoch- und Tiefbau
   – Industrie der Steine und Erden
	
	70
	20
	10

(ii) Betriebsgröße
   – Kleinbetriebe
   – Mittelbetriebe
   – Großbetriebe
	
	40
	35
	25

(iii) geographische Region
   – Nord (Schleswig-Holstein, Hamburg,...)
   – Mitte (Nordrhein-Westfalen)
   – Süd (Rheinland-Pfalz, Saarland, Hessen,...)
	
	30
	30
	40

Will man nun eine Stichprobe vom Umfang 200 nach dem Quotenverfahren erheben, so müssen 80 Klein-, 70 Mittel- und 50 Großbetriebe in die Untersuchung aufgenommen werden. Weiterhin sind 140, 40 bzw. 20 Betriebe der entsprechenden Branchen und 60, 60 bzw. 80 Betriebe in den betreffenden Regionen zu befragen. Hierdurch erhält man die angesprochene Analogie zur proportionalen Aufteilung bei geschichteten Zufallsstichproben.

Die 200 durchzuführenden Interviews können z.b. auf 20 Interviewer verteilt werden. Jeder Interviewer erhält dann eine Quotenanweisung für zehn durchzuführende Interviews, auf der wiederum genau festgelegt ist, wieviele Betriebe welcher Art zu erheben sind. Beispielsweise könnte ein Interviewer folgenden Quotenplan erhalten:

Umfrage 17 (Baumaschinen)

Interviewer: *Koslowski, Karl-Heinz*
Termin: *18.4 - 29.4. 1989*
Gesamtzahl der Interviews: *10*
Land: *Nordrhein-Westfalen*

Branche:

Ingenieur- und Straßenbau	1 2 3 4 5 6 7 ■ 9 10 11 12 13 14 15
Hoch- und Tiefbau	1 2 ■ 4 5 6 7 8 9 10 11 12 13 14 15
Industrie der Steine & Erden	1 ■ 3 4 5 6 7 8 9 10 11 12 13 14 15

Betriebsgröße:

Kleinbetriebe	1 2 3 4 ■ 6 7 8 9 10 11 12 13 14 15
Mittelbetriebe	1 2 3 4 ■ 6 7 8 9 10 11 12 13 14 15
Großbetriebe	1 2 ■ 4 5 6 7 8 9 10 11 12 13 14 15

<u>Anmerkung:</u> Gültig sind die Zahlen vor dem Stempel. Ist z.B. in der Zeile "Kleinbetriebe" die Zahl "5" gestempelt, so sind in diesem Fall vier Kleinbetriebe zu befragen. Im Übrigen streichen Sie die zutreffenden Angaben der Statistik nach jedem Interview bitte ab, damit Sie gleich übersehen können, wieviele Interviews in der betreffenden Kategorie noch weiterhin durchzuführen sind.

<u>Abb. 6.1</u>: Quotenplan für eine Umfrage bei Baumaschinenkäufern

Die Interviewer müssen nun Betriebe ausfindig machen (durch Telefonbuch, Branchenverzeichnis,...), die ihren Anweisungen genügen. Nach jedem geführten Interview werden dann die jeweils zutreffenden Angaben gestrichen, wodurch sich der Auswahlspielraum immer weiter einengt. Deshalb ist darauf zu achten, daß zum Schluß keine unmöglichen oder sehr seltenen Merkmalskombinationen verbleiben.

Dieses Problem ist im obigen Beispiel aus der Investitionsgütermarktforschung kaum zu befürchten, jedoch tritt es fast immer bei Befragungen im Konsumgüterbereich oder in der Meinungsforschung auf. In diesem Forschungsbereich wird das Quotenverfahren nicht nur am häufigsten verwendet, sondern ist auch der Ursprung dieses Verfahrens zu finden, so daß hier die meisten Erfahrungen mit dem Verfahren gesammelt werden konnten.

Übliche Quotierungsmerkmale in der Konsumgütermarktforschung und der Meinungsforschung sind "Geschlecht", "Alter", "Beruf", sowie regionale Eingrenzungen und anderes. Sie werden in vielen Untersuchungen mehr oder minder stark untergliedert benutzt, was sich unter anderem auch dadurch erklären läßt, daß die amtliche Statistik, deren Daten meist die Verhältnisse von Merkmalen in der Grundgesamtheit widerspiegeln sollen, gerade für diese Merkmale ausführliche Information liefert.

Wird nun eine Quotierung von solchen Merkmalen vorgenommen, so ist es möglich, daß durch eine Einengung des Auswahlspielraums seltene oder sogar unmögliche Merkmalskombinationen auftreten. Dazu gibt BÖLTKEN(1976), S.380, aufbauend auf einen Quotenplan von NOELLE(1963), S.133 (siehe Abb. 6.2), folgendes Beispiel:

Es sollen drei männliche Personen in den Altersstufen "16-17 Jahre" "30-44 Jahre" und "45-59 Jahre" und in den Berufsgruppen "Arbeiter" "Angestellter" und "selbständig" befragt werden. Angenommen der Interviewer befragt zunächst einen Arbeiter, der 50 Jahre alt ist und dann einen 35-jährigen Angestellten. *"Anschließend kann er sich auf die Suche nach einem 16-17-jährigen Selbständigen machen wenn er nicht vorher den Beruf aufgibt."* (aus BÖLTKEN(1976), S.380).

Dieser Schwierigkeit kann zum einen durch einen erfahrenen Interviewer, der eine ausreichende Kenntnis über die Grundgesamtheit besitzt, oder durch sogenannte kombinierte Quoten zumindest teilweise aus dem Weg gegangen werden.

```
                        ┌─────────────────────┐
                        │  QUOTENANWEISUNG    │
                        └─────────────────────┘


Name des Interviewers: Hermann Löns          ┌──────────────┐
                                             │ Umfrage 2672 │
Wohnort: Lüneburg                            └──────────────┘

Insgesamt 7 Interviews                    Fragebogen
im Wohnort                                Nr. 741-747


in ..................


Orte -    2000 Einwohner    1 2 3 4 5 6 7 8 9 10 11 12 13 14 15

  2 -    20000 Einwohner    1 2 3 4 5 6 7 8 9 10 11 12 13 14 15

 20 -   100000 Einwohner    1 2 3 4 5 6 7 ■ 9 10 11 12 13 14 15

über    100000 Einwohner    1 2 3 4 5 6 7 8 9 10 11 12 13 14 15


Altersgruppen:          3 männlich          4 weiblich
16 - 17 Jahre           1 ■ 3 4 5 6         1 2 3 4 5 6
18 - 29 Jahre           1 2 3 4 5 6         1 ■ 3 4 5 6
30 - 44 Jahre           1 ■ 3 4 5 6         1 2 ■ 4 5 6
45 - 59 Jahre           1 ■ 3 4 5 6         1 2 3 4 5 6
60 Jahre und älter      1 2 3 4 5 6         1 ■ 3 4 5 6


Berufstätig als:
Landwirt (auch Gartenbau)   1 2 3 4 5 6         1 2 3 4 5 6
Mithelfende Familienange-
hörige in der Landwirt-
schaft (auch Gartenbau)     1 2 3 4 5 6         1 ■ 3 4 5 6
Arbeiter                    1 ■ 3 4 5 6         1 ■ 3 4 5 6
Angestellte                 1 ■ 3 4 5 6         1 2 3 4 5 6
Beamte                      1 2 3 4 5 6         1 2 3 4 5 6
Selbständige in Handel
und Gewerbe (Kaufleute,
Handwerker usw.)            1 ■ 3 4 5 6         1 2 3 4 5 6
Freie Berufe                1 2 3 4 5 6         1 2 3 4 5 6

Nichtberufstätige           1 2 3 4 5 6         1 2 ■ 4 5 6
```

Abb. 6.2: Quotenplan nach NOELLE(1963), S.133

Eine kombinierte Quote liegt dann vor, wenn man nicht nur Quoten aus
einzelnen, sondern aus mehreren Merkmalen zusammensetzt. In obigem Beispiel könnte das bedeuten, daß dann

    1   16-17-jähriger Arbeiter,
    1   30-44-jähriger Angstellter, und
    1   45-59-jähriger Selbständiger

befragt werden soll.

Die Kombination von Quotenmerkmalen erfordert allerdings eine noch größere Kenntnis der zugrunde liegenden Gesamtheit, was zu erheblichen
Schwierigkeiten bei der Planung der Quotenvorgaben führen kann.

Dies alles zeigt aber, daß der Interviewer einen sehr direkten Einfluß
auf die Auswahl der Einheiten hat. Dieser Einfluß, der Hauptkritikpunkt
am Quotenverfahren, soll möglichst gering gehalten werden. Deshalb wird
häufig versucht, relativ schwere Quoten anzugeben, um somit den Spiel-
raum des Interviewers einzuengen, so daß er nicht nur Personen befragt,
die ihm sympathisch sind, die er leicht erreichen kann, usw.

Diese Einengung des Interviewerspielraums darf allerdings auch nicht zu
restriktiv gehandhabt werden, da ansonsten der Interviewer dazu verlei-
tet wird ein "quota fitting", d.h. ein Anpassen der Befragten an die
Quoten, vorzunehmen. In diesem Sinne muß bei der Planung einer Quotenauswahl immer ein geeigneter Kompromiß zwischen einer repräsentativen
Quotierung und dem Ausschalten von Interviewereinflüssen gefunden werden.

Dieser Kompromiß wird allerdings nicht immer erreicht werden können. So
wurde festgestellt (vgl. NOELLE(1963), S.146), daß Bewohner von Miets-
häusern häufig in höherem Maße in die Stichprobe gelangen als diese angemessen wäre, daß Interviewer eher geneigt sind, Personen mit einem höheren sozialen Status zu befragen, oder (vgl. BÖLTKEN(1976), S.387) daß
informiertere, aufgeschlossenere und mobilere Personen stärker berücksichtigt werden.

Über diese Problematik hinaus ergibt sich ein weiterer Nachteil bei der
Quotenauswahl durch die Frage nach welchen Merkmalen die Quotierung
überhaupt vorgenommen werden soll. Analog zu den anderen Beurteilungsstichproben ist es auch hier erstrebenswert nach solchen Merkmalen zu

quotieren, die eine hohe Assoziation oder Korrelation zu den Untersuchungsmerkmalen besitzen.

Damit ist die Wahl eines Quotierungsmerkmals vom Untersuchungsgegenstand
abhängig, und die Entscheidung für eine Quote erweist sich insbesondere
bei Befragungen zu mehreren Themen als wesentlicher Aspekt zur Sicherung
der Repräsentativität.

Hat man geeignete Merkmale zur Quotierung gefunden, so müssen die Quoten
bestimmt werden. Hierzu verwendet man im allgemeinen Informationen aus
Vollerhebungen oder bereits durchgeführter Stichprobenuntersuchungen.
Damit eine inhaltliche Verzerrung der Untersuchungsergebnisse nicht
schon durch die Quotenvorgaben selbst erzeugt wird, ist es notwendig,
daß diese Informationen sehr verläßlich sind. Deshalb ist bei der Erstellung eines Quotenplans unbedingt darauf zu achten, daß die benutzten
Unterlagen zumindest als aktuell gelten können.

Die Summe dieser Nachteile hat dazu geführt, daß im allgemeinen zusätzliche Bedingungen an die Quotenauswahl gestellt werden müssen, um somit
ihre arteigenen Verzerrungen gering zu halten. SCHMIDTCHEN(1961), S.375,
stellt beispielsweise sieben Bedingungen an die repräsentative Quotenauswahl

- ∎ Der Interviewer soll durch objektive und spezifische Quoten dazu
  gezwungen werden, aus seinem eigenen soziologischen Horizont her-
  auszutreten, so daß er auswechselbare Personen nicht allzu leicht
  findet.

- ∎ Fragebogen mit vielfältigen Themen erbringen eine neutrale Auswahl, wenn alle soziologischen Gruppen gleichmäßig interessiert
  werden.

- ∎ Die Zahl der Befragungen pro Interviewer sollte nicht größer als
  zehn sein.

- ∎ Bei Auswahl der Befragungspunkte sollten soziographische Daten
  berücksichtigt werden.

- ∎ Um den mobilen Teil der Bevölkerung nicht überzurepräsentieren,
  sollten Interviews hauptsächlich in Wohnungen durchgeführt werden.

■ Eine zentrale Lenkung der Interviewer ist zur Vermeidung von verschiedenen Vorgehensweisen dieser notwendig.

■ Eine langfristige gleichförmige Behandlung des Interviewernetzes muß garantiert sein.

Solche Regeln sind auch bei anderen Quotenstichproben als aus Bevölkerungsgesamtheiten denkbar. Sie zeigen, daß das Quotenverfahren mit einer Reihe von Nachteilen behaftet ist, doch werden diese bewußt in Kauf genommen, da diese Auswahlform auch eine Reihe von Vorteilen mit sich bringt.

Abgesehen davon, daß Quotenverfahren oft die einzige Möglichkeit bilden, eine mehr oder weniger repräsentative Auswahl zu tätigen, sind sie sehr kostengünstig. Neben dieser Wirtschaftlichkeit, die besonders im Gegensatz zu zufälligen Auswahlen zum Tragen kommt, haben Quotenverfahren ein gewisses Maß an Schnelligkeit. Dies begründet sich in der relativ schnellen Ausarbeitung der Quotenpläne, im Gegensatz zur meist komplizierten Erstellung von zufälligen Stichprobenplänen. Somit ist das Quotenverfahren besonders dann geeignet, wenn kurzfristig Untersuchungen vorgenommen werden sollen.

Die Eigenarten des Quotenverfahrens lassen sich abschließend durch einige Zitate treffend charakterisieren:

DEMING(1960) schrieb: "$R = f + f + f + ...$", also viele kleine Fehler ergeben ein richtiges Resultat.

FLOCKENHAUS(1974) meint: "..., *das Institute mit langjähriger Erfahrung zwar nicht diskussionsgeeignet formulieren, aber offenbar wirksam anwenden.*"

NOELLE(1963) spricht von einer "*Quasi-Zufallsauswahl durch Einengung des Interviewerspielraums*" , und

KISH(1965) stellt fest: "*Quota sampling is not one defined scientific method. Rather, each one seems to be an artistic production, hard to define or describe.*"

Warum Quotenverfahren ausreichende Ergebnisse erbringen, läßt sich vielleicht nur mit der Vermutung belegen, daß die üblichen Quotenmerkmale zentrale Tatbestände erfassen.

6.4 VERGLEICH VON ZUFALLS- UND BEURTEILUNGSSTICHPROBEN

Bei einer Zufallsstichprobe erfolgt die Erhebung von Untersuchungseinheiten nach den Gesetzen der Wahrscheinlichkeitsrechnung, d.h. eine
Stichprobe heißt zufällig, wenn jede Einheit der Grundgesamtheit eine
berechenbare, von Null verschiedene Wahrscheinlichkeit besitzt, in die
Stichprobe zu gelangen.

Bei Beurteilungsstichproben wird diese Forderung durchbrochen. Hier wird
versucht aufgrund bewußter Überlegungen und gezielter Auswahlmaßnahmen
ein repräsentatives Bild zu schaffen.

Nach MENGES / SKALA(1973), S.89, lassen sich die Hauptunterschiede dieser Methoden, Stichproben zu ziehen, folgendermaßen zusammenfassen:

Zufallsstichproben	Beurteilungsstichproben
▌erfordern eingehende Planung	▌sind einfach zu planen
▌eine bestimmte Untersu-suchungseinheit muß in die Stichprobe gelangen (Substitutionen sind nicht zugelassen)	▌Substitutionen der Unter-suchungseinheiten sind zugelassen
▌sind relativ teuer	▌sind relativ billig
▌da sie auf der Wahr-scheinlichkeitsrechnung beruhen ist eine genaue Fehlerrechnung möglich	▌da sie nicht auf der Wahr-scheinlichkeitsrechnung beruhen, ist keine Fehler-rechnung möglich (der Fehler muß ohne statistische Mittel "beurteilt" werden)
▌besitzen eine theore-tische Fundierung	▌sind nicht theoretisch zu fundieren
▌sind eindeutig "besser"	▌sind eindeutig "schlechter"

Obwohl Zufallsstichproben theoretisch fundiert sind, Beurteilungsstichproben eindeutig "schlechter" sind, haben Beurteilungsstichproben immer
wieder brauchbare Ergebnisse gebracht. Dies war die Grundlage für einen
heftigen Streit zwischen den Befürwortern der einen und der anderen Methode. Auch heute noch finden besonders im Marktforschungsbereich die
Verfechter einer Methode genügend Anlaß zur Kritik an der anderen Partei, doch ist die Vehemenz der Diskussion entschieden zurückgegangen.

Mit den verschiedenen Möglichkeiten der Stichprobenbildung stellt sich
immer die Frage, welches Verfahren das geeigneteste ist, eine Auswahl zu
treffen. Neben der Forderung nach Repräsentativität werden weitere Kriterien zur Beantwortung dieser Frage durch die Genauigkeit, die Kosten
und die technische Realisierung des Verfahrens angegeben.

Auf dieser Grundlage, verbunden mit einer ziemlich unterschiedlichen
Entwicklung von Zufalls- und Beurteilungsstichproben, hat sich zwischen
den Befürwortern der einen und der anderen Grundsatzmethode ein Streit
entwickelt, der die Frage beinhaltet, welches der beiden Verfahren – Zu-
falls- oder Beurteilungsstichprobe – in der praktischen Anwendung am
sinnvollsten ist.

Die Wurzeln dieses Konfliktes, der genauer als "Random–versus–Quota"-
Streit bezeichnet werden muß, liegen in den Vereinigten Staaten. Hier
erreichten im Jahre 1936 die GALLUP-Institute durch ein Quotenverfahren
einen sensationellen Wahlprognoseerfolg bei den Präsidentschaftswahlen,
da die gleichzeitig von einer Zeitschrift durchgeführte Leserumfrage mit
mehr als zehn Millionen Antworten den späteren Sieger Roosevelt als si-
cheren Verlierer prognostizierte. Da Wahlprognosen als Gütekriterium für
Markt- und Meinungsforschungsmethoden bewertet wurden, etablierte sich
das Quotenverfahren zur generellen Auswahlmethode.

Mit der zunehmenden wahrscheinlichkeitstheoretischen Fundierung von
Stichprobenverfahren und dem Fehlschlag der GALLUP-Prognose des Jahres
1948 brach allerdings ein heftiger Methodenstreit auf, ohne daß eine Annäherung oder gar Verschmelzung der unterschiedlichen Standpunkte erreicht wurde.

WENDT(1960), S.38 schrieb beispielsweise: "*... Es ist also – und das
schon sehr lange – tot. Warum wird Quota dann aber immer noch nicht begraben ?* "

BECK(1964), S.2 entgegnete darauf: *"Soll also das in der Umfragefor-*
schung so bewährte Quotenverfahren nicht widriger Umstände in Verruf ge-
raten, so läßt es sich offenbar nicht umgehen, daß die Richtigstellung
doch noch aus dem inkriminierten Personenkreis erfolgt. ... und weshalb
er sich durch die von Wendt vorgebrachten Gründe durchaus noch nicht zu
einem Begräbnis veranlaßt sieht."

Teilweise gipfelte die Auseinandersetzung sogar in der Frage, ob eine
Quotenauswahl überhaupt als "Stichprobe" zu bezeichnen ist, oder dieser
Begriff nur für zufällige Auswahlverfahren verwendet werden darf (vgl.
z.B. STOLP(1961) und BECK(1964)).

Eine Beantwortung der Frage, welche der beiden Auswahlmethoden vorzuziehen ist, erweist sich auf jeden Fall als schwierig. Neben den bereits
erwähnten Unterschieden sind noch weitere Aspekte aufzuführen.

Quotenverfahren stellen im eigentlichen Sinne eine geschichtete Auswahl
aufs Geratewohl dar. Die Schichten sind zwar sehr stark aufgegliedert,
doch verleiten sie mitunter die Interviewer nach "durchschnittlichen"
Auskunftspersonen zu suchen. Liegt also z.B. eine Altersquote vor, so
wird der Interviewer vornehmlich nach Personen Ausschau halten, die im
mittleren Bereich eines vorgegebenen Altersintervalls liegen. Das führt
dazu, daß in den durch die Quotierung gebildeten Schichten eine zu geringe Streuung erzielt wird.

Quotierungsmerkmale können auch von Personen erfüllt werden, die in kei-
ner Weise als repräsentatives Bild der Grundgesamtheit bezeichnet werden
können. *"Man kann sich zahlreiche Stichproben denken – beispielsweise*
Patienten von Krankenhäusern oder Reisende der Bundesbahn –, die in ih-
rer Zusammensetzung ... der erwachsenen Bevölkerung der BRD genau ent-
sprechen" (aus NOELLE(1963), S.134), und so muß man bei Quotenverfahren
Nebenbedingungen zur Erreichung der Repräsentativität aufstellen.

Setzt man diese Bedingungen zur einwandfreien Aussagekraft eines Quotenverfahrens voraus, so sind auch Widersprüche erkennbar. So kann man etwa
aus der zweiten in Abschnitt 6.3 aufgestellten Forderung den Schluß ziehen, daß Quotenverfahen in Spezialuntersuchungen keine guten Resultate
liefern.

Ein großer Nachteil des Quotenverfahrens besteht unter anderem auch da-

rin, daß es scheinbar nur von erfahrenen Instituten befriedigend angewendet werden kann (besonders NOELLE(1963) weist darauf immer wieder
hin). Das Beispiel der Wahlprognosen, das in diesem Zusammenhang von den
Quotenbefürwortern immer positiv angemerkt wird, zeigt aber beispielsweise, daß dieses spezielle "Instituts-Know-How" ziemlich unflexibel ist.

So könnte z.b. die mangelnde Kenntnis über die Auswirkungen der neuen
politischen Strömungen der Grünen und Alternativen zu Beginn der 80'er
Jahre mit zu den ungenaueren Wahlprognosen in dieser Zeit geführt haben.

Die eigentliche Begründung für eine Verwendung von zufälligen Auswahlverfahren ist aber nicht in diesen Unzulänglichkeiten des Quotenverfahrens zu suchen, sondern ergibt sich letztendlich aus der Notwendigkeit
von Fehlerangaben in einem Untersuchungsergebnis.

Fehlerrechnungen, wie sie BOWLEY für die bewußte Auswahl (nach WENDT
(1960), S.36f) oder SUDMAN für das "Probability Sampling with Quotas"
(vgl. SUDMAN (1966)) angaben, bleiben unbefriedigend, so daß man bei objektiven Fehlerangaben auf eine zufällige Auswahl nicht verzichten kann.
Der Kritik, daß die Ausfälle bei Zufallsstichproben eine Fehlerrechnung
stark beeinträchtigen, ist zwar zuzustimmen, jedoch ist dies nicht als
Vorteil der Quotenmethode zu werten, da hier sogar meist eine Quantifi-
zierung von Ausfällen gar nicht möglich ist.

Die Meinung, "... *daß sich auch die Praxis der Wahrscheinlichkeitsaus-
wahl in aller Regel vom theoretischen Modell so weit entfernt, daß eine
direkte Verwendung des Formelapparats auch in diesen Fällen sehr frag-
würdig ist*" (aus WETTSCHURECK(1974), S.185), kann in praktischen Untersuchungen nicht global bestätigt werden.

Zufallsstichproben zeichnen sich in der Regel durch ein hohes Maß an
Flexibilität aus. Dies gilt besonders unter dem Aspekt der Kombination
von Verfahren (vgl. dazu auch Kapitel 8). Hierbei können auch empirische
Erfahrungen einfließen, wie z.B. die oft erwähnte Unterrepräsentanz von
Jugendlichen, die somit kein Nachteil von zufälligen Auswahlen ist.

Auch wenn Quotenverfahren nie begraben werden - was auch nicht unbedingt
sinnvoll wäre -, so sind Zufallsstichproben doch ein effektiveres Instrument zur Gewinnung zuverlässiger Stichprobenergebnisse.

Kapitel 7
Technische Probleme der repräsentativen Auswahl

In den bisherigen Kapiteln wird von der Voraussetzung ausgegangen, daß die Erhebung der Untersuchungseinheiten, die in die Stichprobe gelangen, vollständig ist, und daß der Auswahlprozeß exakt nach den Ziehungstechniken und Auswahlmodellen praktiziert wird, wie dies beispielsweise im Kapitel 3 bei den Ziehungstechniken 1 - 5 beschrieben ist.

Bei der praktischen Erhebungsarbeit sind diese Voraussetzungen oftmals aber nicht erfüllt, und es entstehen immer wieder Situationen, in denen von den theoretischen Modellen abgewichen wird. Dies gilt insbesondere dann, wenn die zu betrachtende Grundgesamtheit eine Bevölkerung darstellt, und die Ermittlung des Stichprobenergebnisses einer gezogenen Untersuchungseinheit z.B. vom Einverständnis dieser Person und anderen "menschlichen" Faktoren abhängt. Einige dieser Faktoren wurden schon im Zusammenhang mit den im Kapitel 6 beschriebenen Beurteilungsstichproben behandelt.

Da das Ziel einer Stichprobenerhebung aber in der Bereitstellung repräsentativer Ergebnisse besteht, und davon auszugehen ist, daß solche Einflußfaktoren die Repräsentativität der Ergebnisse stören können, soll im folgenden auf einige dieser technischen Probleme eingegangen werden, die bei einer praktischen Erhebung auftreten können. Hierbei wird davon ausgegangen, daß Stichproben aus einer Bevölkerungsgesamtheit gezogen werden sollen.

7.1 DAS PROBLEM DER NICHTBEANTWORTUNG

Das Problem der Nichtbeantwortung tritt insbesondere bei Bevölkerungsumfragen auf, da bis auf den von den statistischen Ämtern durchgeführten
Microzensus alle Befragungen freiwillig sind, so daß eine zu befragende
Person nicht gezwungen werden kann eine Antwort zu geben. Damit ist es
nicht zwingend, daß eine geplante Stichprobenerhebung vom Umfang n auch
zu n Ergebnissen $y_1, \ldots, y_n$ führt, denn die tatsächlich realisierte
Stichprobe kann unvollständig sein, d.h. sie besitzt einen Umfang, der
kleiner als der geplante Umfang n ist.

Die Anzahl der Personen, die bei einer Stichprobenerhebung nicht antworten, ist je nach Untersuchung verschieden, aber oft so erheblich, daß es
nicht möglich ist, die geplante Genauigkeit der Untersuchung zu gewähr-
leisten (vgl. hierzu die Berechnung eines notwendigen Stichprobenumfangs
in Abschnitt 3.5).

Diese Problematik kann aber nun nicht dadurch gelöst werden, daß man eine bestimmte Zahl von Nichtantwortern von vornherein einkalkuliert und
mit einem daraus berechneten erhöhten Stichprobenumfang die Erhebung
durchführt, so daß zumindest annähernd nach Wegfall der Nichtantworter
ein ausreichend großer Stichprobenumfang verbleibt.

Eine Begründung hierfür mögen die nachfolgenden Beispiele darstellen,
bei denen ein Zusammenhang zwischen dem Grund für Nichtbeantwortung und
dem Untersuchungsziel bzw. dem zu erhebenden Merkmal besteht.

Zur Erstellung einer Prognose für eine bevorstehende Wahl wird eine
Bevölkerungsstichprobe entnommen, und die ermittelten Personen werden nach ihrer Parteienpräferenz befragt. Die öffentliche Diskussion über Datenschutz kann nun dazu führen, daß die Wähler, die dem
"linken" Parteienspektrum zugehören auch diese Fragestellung als
datenschutzrelevant empfinden und die Antwort verweigern. Dann sind
in der Stichprobe gerade diese Wähler unterrepräsentiert.

Bei der Durchführung der Media-Analyse (siehe auch Beispiel C in
Kapitel 1) werden die zu interviewenden Personen in ihren Wohnungen
befragt. Das führt dazu, daß die Personen, die viel unterwegs sind,
die sogenannten mobilen Bevölkerungskreise, in der Stichprobe un-

terrepräsentiert sind. Geht man davon aus, daß die Mobilität einer Person bei jungen Leuten größer ist, so kann man beispielsweise hierdurch erklären, warum Volksmusiksendungen so überaus beliebt sind.

Die Nichtbeantwortung einer Frage oder besser der Ausfall einer zu befragenden Person kann also durchaus vom Untersuchungsgegenstand abhängen, was zu einem nicht mehr repräsentativen Stichprobenergebnis führt. Man spricht in diesem Zusammenhang auch von inhaltlichen Verzerrungen (im Gegensatz zu der formal definierten Verzerrung aus Definition 3.3).

Bei Bevölkerungsumfragen unterscheidet man in der Regel zwischen zwei Typen von Ausfällen, je nachdem ob sie sich auf die Repräsentativität der Stichprobe auswirken oder nicht.

Bei den Ausfällen 1. Art geht man davon aus, daß diese keine Auswirkungen auf die Repräsentativität besitzen. Beispiele für solche Ausfälle sind

- die Straße oder Hausnummer ist nicht zu finden,
- die Wohnung ist nicht bewohnt oder
- die angetroffene Person gehört nicht zur Grundgesamtheit.

Da die Ausfälle 1. Art keine inhaltlichen Verzerrungen verursachen, spricht man in diesem Zusammenhang auch von einer Bereinigung und setzt ausgehend von dem anfänglich geplanten Stichprobenumfang

geplante Stichprobe - Ausfälle 1. Art = bereinigte Stichprobe .

Für die sogenannten Ausfälle 2. Art wird im Gegensatz zu den oben beschriebenen Bereinigungen angenommen, daß diese einen Einfluß auf die Repräsentativität der Ergebnisse besitzen und somit inhaltliche Verzerrungen nicht ausgeschlossen werden können. Beispiele für solche Ausfälle sind

- das Nichtantreffen von Zielpersonen (z.B. mobile Bevölkerungsgruppen),
- die Verweigerung genereller oder spezieller Auskünfte oder
- der Abbruch des Interviews.

Die Verminderung der bereinigten Stichprobe um die Ausfälle 2. Art führt dann zu der praktisch realisierten Stichprobe, d.h.

bereinigte Stichprobe - Ausfälle 2. Art = *Nettostichprobe* .

Wenn aber Ausfälle 2. Art vorliegen, so muß man sich fragen, wie die Ergebnisse der Nettostichprobe auszuwerten sind, denn ohne Berücksichtigung dieser Problematik wäre das ermittelte Ergebnis unter Umständen so verzerrt, daß falsche Rückschlüsse über die Grundgesamtheit gezogen würden. Das nachfolgende Beispiel gibt einen Eindruck über die Größenordnung, die eine inhaltliche Verzerrung annehmen kann.

Beispiel: Bei einer Stichprobenerhebung soll ein Anteil P geschätzt werden. Dazu liegt eine bereinigte Stichprobe vom Umfang n_b = 100 mit 25 Ausfällen 2. Art vor, so daß der Nettostichprobenumfang sich zu n_n = 75 ergibt.

Der Anteilschätzer aus der Nettostichprobe wird mit p_n = 0.8 ermittelt. Dieser Schätzer basiert allerdings nur auf 75 % der Einheiten der bereinigten Stichprobe.

Da nun bei den Verweigerern, die 25 % der bereinigten Stichprobe darstellen, der entsprechende Anteil zwischen 0 und 1 liegen kann, d.h. daß $0 \leq p_v \leq 1$ möglich ist, gilt für einen "korrigierten" Schätzer

$$\hat{P} = 0.75 \cdot p_n + 0.25 \cdot p_v = 0.75 \cdot 0.8 + 0.25 \cdot p_v \ ,$$

so daß ein die Ausfälle 2. Art berücksichtigender Schätzer zwischen den Werten min $\hat{P}$ = 0.6 und max $\hat{P}$ = 0.85 liegen wird, je nachdem wie groß der Anteil p_v unter den Personen ist, die nicht geantwortet haben.

Dieses Beispiel macht deutlich, daß die inhaltlichen Verzerrungen, die durch Ausfälle 2. Art entstehen, möglicherweise zu einer Verkennung der wahren Gegebenheiten in der Grundgesamtheit führen können. Deshalb ist es notwendig Strategien zu entwickeln, die eine Verzerrungsreduzierung ermöglichen. Erste Hinweise zu solchen Strategien ergeben sich schon aus obigem Beispiel, denn die Repräsentativität einer Stichprobenerhebung wird sich dann verbesssern, wenn einerseits der Anteil der Ausfälle klein ist und andererseits doch Kenntnisse über das Antwortverhalten der Verweigerer (in obigem Beispiel in Form einer "Schätzung" von p_v) vorliegen.

In diesem Sinn wird im folgenden ein kurzer Abriß über Möglichkeiten zur
Verbesserung der Nettostichprobenergebnisse gegeben.

Die Verminderung von Ausfällen bzw. die <u>Erhöhung der Ausschöpfungsquote</u>
wird vor allem durch eine gut geplante <u>Feldarbeit</u> erreicht. Bei einer
solchen Planung ist es in der Regel nicht möglich sich von streng formalen Gesichtspunkten leiten zu lassen. Vielmehr ist es notwendig, spezielle, für den jeweiligen Erhebungsfall typische Planungsstrategien zu
entwickeln.

Im einzelnen sollte beispielsweise darauf geachtet werden, daß

■ möglichst eine persönliche Befragung

durchgeführt wird, da im persönlichen Interview die Antwortbereitschaft
wesentlich höher ist, weniger Mißverständnisse auftreten und allgemein
ein höheres Maß an Akzeptanz erreicht wird. Andererseits haben persönliche Befragungen aber auch einige Nachteile, da sie z.B. aufgrund der
Schulung von Interviewern und nicht zuletzt durch die höheren (Perso-
nal-) Kosten sehr aufwendig sind.

Führt man aus solchen Gründen heraus dann eine postalische Befragung
durch, so sollten dem zu Befragenden zusätzliche Anreize gegeben werden,
die seine Antwortbereitschaft erhöhen. Solche Anreize können durchaus in
einem Preisausschreiben oder Präsenten liegen.

Unabhängig von solchen Fragen ist die

■ einfache Struktur

sowie eine

■ Aufklärung über den Erhebungsgegenstand

von besondere Bedeutung, wenn die Ausschöpfungsquote erhöht werden soll,
denn komplizierte Fragestellungen oder Fragen, deren Sinn der Befragte
nicht einsieht, führen in der Regel zum Abbruch von Interviews bzw. einer generellen Verweigerung zum Ausfüllen eines Fragebogens.

Neben den "klassischen" Befragungstechniken durch Interview bzw. Fragebogen werden in letzter Zeit auch zunehmend

■ telefonische Befragungen

durchgeführt. Da hier eine Mischung von anonymer Befragung wie bei der postalischen Erhebung und persönlichem Interview ermöglicht wird, eignet sich ein solches Erhebungsverfahren besonders dann, wenn die zu interviewenden Personen wenig kooperationsbereit sind bzw. wenig Zeit haben.

Allen diesen Maßnahmen ist gemeinsam, daß sie in der Regel zur Erhöhung der Ausschöpfungsquote beitragen. Zusätzlich muß aber stets dafür gesorgt werden, daß eine

■ intensive Kontaktaufnahme

zu den zu interviewenden Personen gesucht wird. Ein schematische Darstellung für eine intensive Strategie der Kontaktaufnahme enthält die Abb. 7.1 .

Die hier erwähnten Maßnahmen zur Erhöhung der Ausschöpfungsquote bei einer Stichprobenerhebung stellen nur einen kurzen Einblick in die vielfältigen Aspekte dieses Teils der Erhebungsplanung dar. Im Rahmen der empirischen Sozialforschung werden diese Fragen ausgiebig erläutert (vgl. z.B. die mehrbändige Monographie von KÖNIG(1973/74)).

Das Ausfallproblem kann neben solchen Strategien, die bei der Feldarbeit zur Anwendung kommen, allerdings auch unter formalen Gesichtspunkten bei der Auswertung der Stichprobenergebnisse behandelt werden.

Bei dieser rechnerischen Behandlung des Problems der Nichtbeantwortung geht man im Prinzip von der Vorstellung aus, daß die Grundgesamtheit in zwei Schichten zerfällt, und zwar in die

■ Schicht 1 der Antworter vom Umfang N_1, aus der eine Stichprobe vom Umfang n_1 vorliegt, und die

■ Schicht 2 der Nichtantworter vom Umfang $N-N_1 = N_2$, aus der eine Stichprobe vom Umfang $n-n_1 = n_2$

vorliegt.

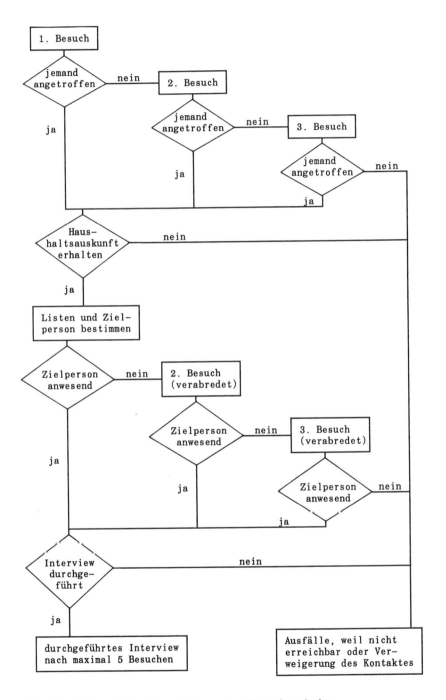

<u>Abb. 7.1</u>: Schematische Darstellung einer Kontaktaufnahme

Nach der Erhebung der Nettostichprobe mittels einer einfachen Zufallsauswahl wird dann aus der "Stichprobe der Nichtantworter" eine Unterstichprobe vom Umfang $u = n_2/k$ gezogen, und vorausgesetzt, daß <u>alle</u>
"nacherhobenen" u Personen antworten.

Mit den auf diese Art und Weise erhobenen Daten gilt dann folgender

<u>Satz 7.1</u>: Ist $\bar{y}_{.(n_1)}$ der Mittelwert der n_1 Antwortenden und $\bar{y}_{.(u)}$ der
Mittelwert der u Antwortenden der Unterstichprobe und bezeichne
$S^2_{Y(N_2)}$ die Varianz in der Grundgesamtheit der Nichtantworter,
dann gilt:

(a) $\hat{\bar{Y}}_{.(NA)} = \frac{1}{n}(n_1 \cdot \bar{y}_{.(n_1)} + n_2 \cdot \bar{y}_{.(u)})$

        ist ein erwartungstreuer Schätzer für $\bar{Y}.$,

(b) Var $\hat{\bar{Y}}_{.(NA)} = \frac{1}{n}(1-\frac{n}{N}) \cdot S^2_Y + \frac{k-1}{n} \frac{N_2}{N} \cdot S^2_{Y(N_2)}$.

Bei der Anwendung dieses Satzes ist neben der Voraussetzung, daß alle
Untersuchungseinheiten der Nacherhebung antworten müssen, zu beachten,
daß die Stichprobenumfänge n_1 und n_2 zufällige Größen darstellen, und
die Schichtumfänge N_1 bzw. N_2 in der Regel unbekannt sind. Dies ist eine
zum Satz 4.9 ähnliche Situation, bei dem der Stichprobenumfang einer
einfachen Zufallsstichprobe nachträglich auf die Schichten aufgeteilt
wurde.

Die Formel in Satz 7.1(b) zeigt, daß sich die Varianz des Schätzers aus
zwei Komponenten zusammensetzt. Die erste Komponente bezieht sich auf
die zunächst erhobene einfache Zufallsauswahl aus der gesamten Population, während die zweite Komponente nur den Varianzanteil des zusätzlichen Auswahlverfahrens aus der Schicht der Nichtantworter beschreibt.
Deshalb ist die Varianz einer so ermittelten Mittelwertschätzung größer
als die bei einfacher Zufallsauswahl, bei der alle erhobenen Untersuchungseinheiten zur Schätzung des Mittelwertes verwendet werden können.

Dieses Auswertungsprinzip zur Behandlung von Ausfällen kann auch auf
weitere Auswahlsituationen angewendet werden. Einen Überblick über die

in solchen Situationen dann zu benutzenden Schätzformeln findet der interessierte Leser unter anderem bei MADOW et al.(1983), Vol. 1-3.

7.2 WEITERE PROBLEME BEI REPRÄSENTATIVEN AUSWAHLEN

Das Ausfallproblem stellt zwar einen der wichtigsten Aspekte bei der
Bereitstellung repräsentativer Stichproben dar, doch existiert darüberhinaus noch eine Reihe anderer Probleme, die die Repräsentativität beeinflussen können. Im folgenden soll deshalb ein kurzer Überblick über
weitere repräsentanzstörende Ursachen gegeben werden, die bei der Planung einer Stichprobenerhebung Berücksichtigung finden müssen.

Als ein am Anfang einer Stichprobenerhebung stehendes Problem erweist
sich dabei häufig die Frage nach der Abgrenzung der interessierenden
Grundgesamtheit (vgl. auch Abb. 1.1). Hier entsteht oft ein Konflikt aus
der Tatsache, daß die Gesamtheit, aus der die Stichprobe entnommen wird,
nicht mit der Gesamtheit übereinstimmt, über die man eine Aussage treffen möchte. Diese Diskrepanz zwischen Auswahl- und Zielgesamtheit tritt
beispielsweise in den folgenden Situationen auf.

Die Qualität des Essens einer Werkskantine soll durch eine Stichprobenerhebung beurteilt werden. Wählt man eine Stichprobe nur aus
der Menge der Personen, die in der Kantine essen (Auswahlgesamt-
heit), so wird nicht die Gesamtheit aller Betriebsangehörigen berücksichtigt (Zielgesamtheit). Da gerade diejenigen nicht in die
Auswahl kommen, denen das Kantinenessen nicht schmeckt, wird durch
eine solche Diskrepanz zwischen Auswahl- und Zielgesamtheit die
Qualität des Kantinenessens überschatzt.

Eine ähnliche Situation liegt auch bei Verbraucherbefragungen zu
bestimmten Produkten vor, wenn als Zielgesamtheit die eigentlichen
Verbraucher oder Nutzer eines Produktes betrachtet werden müssen,
bei der Auswahl aber nur die Käufer der Produkte erreicht werden
können. Dies ist etwa der Fall, wenn zum Tragekomfort von Herren-
socken die Käuferinnen dieses Produktes befragt werden.

Die Unterschiede zwischen Auswahl- und Zielgesamtheit können, wie obige

Beispiele zeigen, zu großen inhaltlichen Verzerrungen führen. Deshalb kommt der Festlegung der Grundgesamtheit eine besondere Bedeutung innerhalb der Erhebungsplanung zu.

Bei einer Meinungsumfrage, bei der in der Regel die Bevölkerung einer Stadt oder eines Landes als Grundgesamtheit angesehen wird, wird diese Vielzahl unterschiedlichster Planungsaspekte besonders deutlich. Will man dazu eine Bevölkerungsgesamtheit charakterisieren, so muß beachtet werden, mit welcher Definition des Bevölkerungsbegriffs gearbeitet wird.

In der amtlichen Statistik der BRD werden beispielsweise zwei Typen von Bevölkerungsdefinitionen unterschieden. Bei der sogenannten Wohnbevölkerung wird jede Person nur einmal berücksichtigt. Dies unterscheidet sie von der in Privathaushalten lebenden Bevölkerung, bei der auch Mehrfachzählungen möglich sind, da auch Nebenwohnungen als eigenständige Privathaushalte gelten.

Weiterhin kann Berücksichtigung finden, ob ausländische Mitbürger Teil der Untersuchungsgesamtheit sind oder ob andere gesellschaftliche Gruppen zur Behandlung des Untersuchungszieles für die Grundgesamtheit ein- oder ausgeschlossen werden sollen.

Neben diesen Aspekten der Abgrenzung und Definition der Auswahlgrundlage ergibt sich in vielen praktischen Erhebungen die Frage, ob tatsächlich nach den zufälligen Auswahltechniken aus Kapitel 3 die Stichprobe entnommen wird, oder ob es nicht sinnvoll ist, mit Ersatzverfahren für die zufälligen Auswahlen zu arbeiten.

Solche Fragen stellen sich insbesondere dann, wenn die Erhebung aus Gründen eines möglichst geringen Aufwandes einfach gestaltet werden muß und etwa von nicht speziell geschultem Fachpersonal durchgeführt wird.

Die bekannteste Art eines solchen Ersatzverfahrens ist die systematische Auswahl mit zufälligem Start. Hierbei wird ausgehend von einer zufällig gewählten ersten Untersuchungseinheit jede k-te Einheit der Grundgesamtheit entnommen, wobei k eine natürliche Zahl in Abhängigkeit vom geplanten Stichprobenumfang darstellt.

Die systematische Auswahl kann immer dann zur Anwendung kommen, wenn die Grundgesamtheit geordnet ist. Dies ist immer dann der Fall, wenn Stichproben aus Karteien oder Listen gezogen werden sollen.

Durch eine systematische Auswahl erhält man dann eine repräsentative
Stichprobe, wenn mit dem systematischen Entnehmen von Einheiten nicht
eine Systematik der Grundgesamtheit getroffen wird. Nachfolgendes Beispiel (nach SCHÄFER(1979)) verdeutlicht diese Problematik.

Bei einer Befragung in einem Wohngebiet soll durch eine systematische Auswahl jeder zehnte Haushalt in die Stichprobe aufgenommen
werden. Liegen in dem Gebiet Häuserblocks mit je zehn Mietparteien,
so wählt man beispielsweise immer "Parterre Rechts". Wohnt in jedem
Block hier aber der Hausmeister, so erhält man eine repräsentative
"Hausmeister-Stichprobe" und nicht die gewünschte repräsentative
Haushaltsstichprobe.

Das Beispiel zeigt, daß vor Entnahme einer systematischen Auswahl zunächst geprüft werden muß, inwieweit eine Struktur innerhalb der Grundgesamtheit vorhanden ist. Dies ist häufig aber gerade bei Karteien und
Listen der Fall.

Zudem ist es bei der systematischen Auswahl schwierig eine Vorstellung
über die Varianzen von Schätzern zu gewinen, da mit dem zufälligen Beginn der Entnahme an einer Stelle der Grundgesamtheit durch die systematische Vorgehensweise der Rest der Stichprobe schon festgelegt ist. Als
Zufallsauswahl ist diese Auswahlform damit eine Stichprobe vom Umfang 1
und eine Fehlerrechnung deshalb erschwert.

Der an diesem speziellen Ersatzverfahren interessierte Leser findet eine
Vielzahl von Anmerkungen zu diesem Auswahlverfahren bei HAUSER(1979).

Ein relativ einfaches Ersatzverfahren zur repräsentativen Auswahl von
Untersuchungseinheiten aus Karteien sind Stichproben nach Namensanfang
bzw. Geburtstagen.

Hierbei ist offensichtlich, daß eine solche Auswahl nicht für alle Buchstaben und Tage zu einer repräsentativen Erhebung führen kann, und etwa
eine Auswahl nach dem Buchstaben "Y" zu starken inhaltlichen Verzerrungen führen wird. Analoges gilt für exponierte Geburtstage wie den 1. Ja-
nuar. Nach BÖLTKEN(1976) sind "B" und "L" aber durchaus für eine repräsentative Stichprobenkonstruktion geeignet. Weitere interessante Aspekte
zu dieser Auswahlmethode findet man auch bei SCHACH / SCHACH(1978) und
SCHACH / SCHACH(1979).

Eine <u>Auswahl per Random-Route</u> oder auch <u>Random-Walk-Verfahren</u> gilt als Ersatzverfahren zur Erhebung von Haushalten in regional eingegrenzten Gebieten. Hierbei wird zufällig ein Startpunkt (= Haushaltsadresse) bestimmt. Von diesem Startpunkt aus muß ein fest vorgeschriebener Weg durch die Region (Wohngebiet/Stimmbezirk) beschritten werden, auf dem jeder Haushalt aufgelistet wird. Die Zufälligkeit dieses Verfahrens liegt also nur in der Wahl des Startpunktes, so daß die Bezeichnung Random-Route etwas irreführend ist.

Die angesprochenen und eine Vielzahl weiterer Ersatzverfahren bergen immer die Schwierigkeit, daß durch Wegfall einer zufälligen Ziehungstechnik keine oder nur schwer formalisierbare Auswertungsmethoden einer relativ einfachen praktischen Realisierungsmöglichkeit gegenüberstehen. Damit muß im Einzelfall abhängig von dem zu behandelnden Untersuchungsgegenstand stets von neuem überprüft werden, welches spezielle Ziehungsverfahren zum Einsatz kommt.

Mit diesen angesprochenen technischen Problemen von Erhebungsverfahren ist nur ein geringer Teil der Aspekte aufgezeigt, der zur Störung der Repräsentativität beitragen kann. Abschließend sei hier nur die bislang gar nicht erläuterte <u>Konzeption von Fragebogen und Interview</u> erwähnt, welche die für das Forschungsziel angestrebte Aussagefähigkeit stark beeinflussen kann und eine potentielle Quelle für inhaltliche Verzerrungen aller Art darstellt. Diese Fragen findet man in den Monographien zur empirischen Sozialforschung ausgiebig erläutert (vgl. z.B. KÖNIG(1973/74)).

Zusammenfassend kann somit gesagt werden, daß

> inhaltliche Verzerrungen größer als der Zufallsfehler

sein können, und deshalb eine gründliche und verantwortungsvolle Stichprobenplanung und -durchführung unabdingbare Voraussetzung für repräsentative Stichproben sind.

Kapitel 8
Ausblick auf weitere Stichprobenverfahren

In diesem Kapitel wird ein Überblick über Auswahlmodelle und Stichprobenverfahren gegeben, die nicht im Rahmen dieser Einführung behandelt werden konnten. Weitere Details zu den hier nur kurz skizzierten Methoden findet man auch in den im Literaturverzeichnis aufgeführten Monographien (vgl. z.B. HANSEN et al.(1953), RAJ(1968) und COCHRAN(1977)).

Bei den hier vorgestellten Auswahlverfahren ist man immer davon ausgegangen, daß jedem Element U_i, $i = 1, \ldots, N$, der Grundgesamtheit die gleiche Bedeutung zukommt, so daß bei einem (Teil-) Auswahlprozeß jedes Element mit gleicher Wahrscheinlichkeit gezogen wurde. Nun sind aber auch Situationen denkbar, in denen die Elemente der Grundgesamtheit von unterschiedlicher Wichtigkeit sind.

Denkt man beispielsweise an Erhebungen im landwirtschaftlichen Bereich und fragt z.B. nach dem Verbrauch von Düngemitteln, so wird ein solcher Verbrauch mit der Größe des bearbeiteten Ackerlandes zusammenhängen, und eine einfache Zufallsstichprobe kann dies nicht angemessen repräsentieren.

In solchen Situationen geht man dann zu Auswahlverfahren mit ungleichen Auswahlwahrscheinlichkeiten über. Die allgemeine Theorie hierzu stammt von HORVITZ / THOMPSON(1952). Geht zur Konstruktion solcher Auswahlwahrscheinlichkeiten eine externe "Größe" (wie im obigen Beispiel die Größe des bearbeiteten Ackerlandes) ein, so spricht man auch von pps-Verfahren (probability proportional to size). Eine umfangreiche Schilderung dieser speziellen Auswahlmethodik findet man bei BREWER / HANIF(1983).

Wie bei der pps-Auswahl sollte man natürlich immer bestrebt sein, jede vorhandene Information über den Untersuchungsgegenstand zu nutzen und mit in die Stichprobenplanung eingehen zu lassen.

Will man beispielsweise eine Vorhersage über einen zukünftigen Wahlausgang machen, so ist es sinnvoll, frühere Wahlausgänge zusätzlich zu berücksichtigen.

In diesem Sinn waren die hier behandelten Verfahren "frei" von solcher Informationsverwendung, und man spricht deshalb von freier Hochrechnung. Bei der gebundenen Hochrechnung wird dagegen auf "a-priori-Informationen" zurückgegriffen. Wesentliche Verfahren sind hierbei die Differenzen-, die Quotienten- und die Regressionsschätzung. Der an diesen Auswahl- und Auswertungsverfahren interessierte Leser findet eine Beschreibung dieser Methoden unter anderem bei RAJ(1968).

Diese Erhebungsformen haben wie die einfache Zufallsauswahl die Eigenschaft, daß sie als einfache Auswahlmethoden einen direkten Zugriff auf die Grundgesamtheit voraussetzen.

Eine weitere Möglichkeit der Stichprobenplanung ergibt sich aber auch in sehr zeit- und kostenintensiven Untersuchungen, bei denen die Erhebung spezieller Variablen schwierig ist. Dann wird aus der Stichprobe eine weitere Auswahl entnommen und diese Einheiten einer zusätzlichen, noch intensiveren Untersuchung unterzogen. Eine solche Vorgehensweise, die in RAJ(1968) näher dokumentiert ist, nennt man dann auch mehrphasiges Auswahlverfahren.

Bei speziellen Grundgesamtheiten, wie z.B. Tierpopulationen, interessiert man sich nicht nur für die hier angesprochenen Parameter wie den Mittelwert oder einen speziellen Anteil. Oftmals ist dann noch nicht einmal der Umfang N der Grundgesamtheit bekannt, und ein Hauptziel der Untersuchung besteht in der Schätzung der Populationsgröße.

Hier wendet man dann sogenannte Capture-Recapture-Auswahlmodelle an, bei denen nach Auswahl einer Stichprobe eine Markierung der Untersuchungseinheiten erfolgt, diese wieder in die Grundgesamtheit zurückgegeben werden, und in einer Wiederholungsstichprobe insbesondere die Anzahl der vorher markierten Einheiten untersucht wird. Eine umfangreiche Darstellung mit dieser Technik einhergehender Probleme gibt SEBER(1982).

Neben weiteren Verfahrensmodifizierungen, sind zur besseren Gestaltung einer Untersuchung auch Kombinationen verschiedener Auswahlmodelle zu betrachten. Man denke hierbei beispielsweise an die in Kapitel 5 angesprochenen Muster-Stichproben-Pläne des Arbeitskreises Deutscher Marktforschungsinstitute. Bei dieser Auswahl werden drei Auswahlprinzipien miteinander verknüpft, denn es liegt eine dreistufige Klumpenauswahl mit einer geschichteten pps-Auswahl auf der ersten Stufe vor.

Durch die Verknüpfung der verschiedensten Auswahltechniken ist es dann in der Regel nicht mehr möglich, Schätzformeln für den interessierenden Mittelwertparameter, sowie dessen Varianzschätzer explizit anzugeben. Will man darüberhinaus noch weitere Parameter schätzen oder höhere statistische Verfahren anwenden, so ist es notwendig spezielle Auswertungstechniken für komplizierte Auswahlverfahren zu benutzen.

Eine explizite Lösung für die Schätzung der Varianz findet man z.B. bei KREIENBROCK(1986a). Allgemeine approximative Auswertungsstrategien wie Taylor-Reihen-Auswertungen oder replizierende Stichprobenpläne gibt WOLTER(1985) an.

Ein weiterer wichtiger Aspekt der Stichprobenplanung ergibt sich aus der Anzahl der zu erhebenden Merkmale pro Untersuchungseinheit, denn bei jeder Stichprobenerhebung wird in der Regel nicht nur ein Merkmalswert erfaßt. Viele Auswahlmodelle hängen aber von den Merkmalswerten ab (vgl. z.B. die optimale Aufteilung bei der geschichteten Auswahl in Abschnitt 4.3.3), und so ist es dann notwendig, sich mit multivariaten Auswahl-wahl- und Auswertungsverfahren zu beschäftigen. Eine ausführliche Darstellung dieser Methoden enthalten KREIENBROCK(1986b) bzw. KREIENBROCK (1987).

Kapitel 9
Prüfungsfragen

Die nachfolgenden Fragen stellen eine repräsentative Auswahl aus einem Prüfungsprotokoll über Stichprobenverfahren dar. Sie sollten sie nach der Lektüre der vorangegangenen Kapitel ohne Zuhilfenahme dieses Buches beantworten können. Die Antworten zu diesen Fragen findet man im nachfolgenden Kapitel 10.

Frage 1:
Wieviele Stichproben (ohne Zurücklegen) gibt es, wenn aus einer Grundgesamtheit vom Umfang N eine Stichprobe vom Umfang n ausgewählt werden soll ?

Frage 2:
Wie ist eine einfache Zufallsstichprobe definiert ?

Frage 3:
Sei N = 3000 und folgende Zufallszahlentabelle gegeben :

84210 35723 30847 96137 15429 35741 12650 07953 27180 90148

Was sind die ersten fünf auszuwählenden Einheiten, wenn eine einfache Zufallsstichprobe gezogen werden soll ?

Frage 4:
Ein Interviewer erhält zur zufälligen Auswahl von Personen aus Haushalten unterschiedlicher Größe folgenden Schwedenschlüssel :

Haushalt	Haushaltsgröße								
	1	2	3	4	5	6	7	8	9
A	1	3	1	2	1	4	5	2	8
B	1	1	2	3	2	5	9	3	9
C	1	1	1	2	4	2	6	9	3
D	1	2	3	1	5	1	4	9	2
E	1	3	2	3	4	6	2	9	1

Führt dieser Zufallszahlenschlüssel zu einer einfachen Zufallsstichprobe in den Haushalten ?

Frage 5:

Zur Schätzung zweier Anteile P_1 und P_2 aus einer einfachen Zufallsstichprobe vom Umfang n erhält man die Vorinformation $P_1 \approx 0.6$ und $P_2 \approx 0.4$.

Welcher der erwartungstreuen Schätzer für P_1 und P_2 ist genauer?

Frage 6:

Die Ergebnisse einer einfachen Zufallsstichprobe lauten :

$$f = 0.19 \ , \quad n = 100 \ , \quad \bar{y}. = 15 \ , \quad s_y^2 = 25 \quad \text{und} \quad \alpha = 0.0456.$$

Geben Sie ein ungefähres $(1-\alpha)$-Konfidenzintervall für den Mittelwert $\bar{Y}$. in der Grundgesamtheit an.

Frage 7:

Was sind die Vorteile einer geschichteten Zufallsauswahl ?

Frage 8:

Wie lautet das Grundprinzip zur Konstruktion von Schichten ?

Frage 9:

Wovon hängt der Schichtungseffekt ab ?

Frage 10:

Warum spricht man bei proportionaler Aufteilung auch von einer selbstgewichtenden Stichprobe ?

Frage 11:

Die optimale Aufteilung maximiert den Schichtungseffekt im Aufteilungsproblem. Gibt es dennoch Argumente, die gegen diese Aufteilungsart sprechen ?

Frage 12:
Welche Eigenschaft sollten Klumpen bei einer einstufigen Auswahl haben ?

Frage 13:
Ein Marktforschungsinstitut schlägt für eine Bevölkerungsstichprobe ein einstufiges Auswahlverfahren mit Gemeinden als Klumpen vor. Stimmen Sie diesem Vorschlag zu ?

Frage 14:
Erläutern Sie den Unterschied zwischen einem gewöhnlichen und dem Intraklass-Korrelationskoeffizienten.

Frage 15:
Aus Erfahrung weiß man, daß in einer in Klumpen zerlegten Grundgesamtheit eine Intraklass-Korrelation von etwa Null vorliegt. Welches Auswahlverfahren schlagen Sie vor und warum ?

Kapitel 10
Lösungen zu den Übungsaufgaben und
Prüfungsfragen

Die Übungsaufgaben und Prüfungsfragen der vorangehenden Kapitel können direkt mit den in diesem Buch zur Verfügung gestellten Methoden und Hilfsmitteln gelöst werden. Aus diesem Grunde werden an dieser Stelle nur die endgültigen Resultate (bei Rechenaufgaben) bzw. Lösungsskizzen (bei Beweisen) angegeben. Zur besseren Orientierung und Einordnung wird jeder Lösung aber zunächst das behandelte Thema und die Nummern der verwendeten Definitionen und Sätze vorangestellt.

10.1 LÖSUNGEN ZU KAPITEL 2

Lösung 2.1: Beweis der Linearität des Erwartungswertes (siehe Definitioon 2.9 und Satz 2.10):

$$E(a \cdot y + b) = \sum_{i=1}^{N} (a \cdot Y_i + b) \cdot P(y = Y_i)$$

$$= a \cdot \sum_{i=1}^{N} Y_i \cdot P(y = Y_i) + b \cdot \sum_{i=1}^{N} P(y = Y_i)$$

$$= a \cdot E(y) + b \quad .$$

Lösung 2.2: Rechenregeln für die Varianz (siehe Definition 2.9 und Satz 2.12):

$$\text{(a)} \quad \text{Var}(y_1) = \sum_{i=1}^{N} (Y_{1i} - Ey_1)^2 \cdot P(y_1 = Y_{1i})$$

$$= \sum_{i=1}^{N} Y_{1i}^2 \cdot P(y_1 = Y_{1i}) - \sum_{i=1}^{N} E(y_1)^2 \cdot P(y_1 = Y_{1i})$$

$$= E(y_1^2) - E(y_1)^2 \quad ,$$

(b) $\quad Var(a \cdot y_1 + b) = \sum_{i=1}^{N} \left((a \cdot Y_{1i} + b) - (a \cdot Ey_1 + b) \right)^2 \cdot P(y_1 = Y_{1i})$

$$= a^2 \cdot \sum_{i=1}^{N} \left(Y_{1i} - Ey_1 \right)^2 \cdot P(y_1 = Y_{1i})$$

$$= a^2 \cdot Var(y_1) \quad ,$$

(c) $\quad E(y_1 + y_2) = \sum_{i=1}^{N} \left(Y_{1i} \cdot P(y_1 = Y_{1i}) + Y_{2i} \cdot P(y_2 = Y_{2i}) \right)$

$$= E(y_1) + E(y_2) \quad ,$$

(d) $\quad Var(y_1 + y_2) = E\left((y_1 + y_2)^2 \right) - \left(E(y_1) + E(y_2) \right)^2$

$$= E(y_1^2) - E(y_1)^2 + E(y_2^2) - E(y_2)^2$$

$$+ 2 \cdot \left(E(y_1 \cdot y_2) - E(y_1) E(y_2) \right)$$

$$= Var(y_1) + Var(y_2) + 2 \cdot \left(E(y_1 \cdot y_2) - E(y_1) E(y_2) \right) \quad .$$

<u>Lösung 2.3</u>: Anwendung der Binomialverteilung und der hypergeometrischen Verteilung (siehe Definition 2.14, Satz 2.15, Definition 2.16 und Satz 2.17):

(a) Diskrete Dichte: $P(y = m) = \binom{5}{m} \cdot 0.1^m \cdot 0.9^{5-m}$

$$= \begin{cases} 0.59049, & \text{falls } m=0 \\ 0.32805, & \text{falls } m=1 \\ 0.0729\ , & \text{falls } m=2 \\ 0.0081\ , & \text{falls } m=3 \\ 0.00045, & \text{falls } m=4 \\ 0.00001, & \text{falls } m=5 \\ 0 & \text{sonst} \end{cases} \quad ,$$

Verteilungsfunktion: $F_y(m) = P(y \leq m) = \sum_{\substack{k \leq m \\ k \in \{0,1,\ldots,5\}}} P(y = k)$

$$= \begin{cases} 0 & , \text{ falls } m < 0 \\ 0.59045, & \text{ falls } 0 \leq m < 1 \\ 0.91854, & \text{ falls } 1 \leq m < 2 \\ 0.99144, & \text{ falls } 2 \leq m < 3 \\ 0.99954, & \text{ falls } 3 \leq m < 4 \\ 0.99999, & \text{ falls } 4 \leq m < 5 \\ 1 & , \text{ falls } m \geq 5 \end{cases} \quad ,$$

(b) $E(y) = n \cdot P = 0.5$,

$Var(y) = n \cdot P \cdot (1-P) = 0.45$,

$$CV(y) = \frac{\sqrt{Var(y)}}{E(y)} = 1.34 \quad ,$$

(c) $N = 50$,

$E(y) = n \cdot P = 0.5$,

$Var(y) = n \cdot P \cdot (1-P) \cdot \frac{N-n}{N-1} = 0.41$,

$$CV(y) = \frac{\sqrt{Var(y)}}{E(y)} = 1.29 \quad .$$

Lösung 2.4: Standardisierung von normalverteilten Zufallsvariablen; 1- bzw. 2- bzw. 3-σ-Regel (siehe Definition 2.18 und Satz 2.19):

$$x := \frac{y - 0.72}{0.01} \sim N(0,1)$$

(a) $P(y < 0.7) = P(x < -2) = 0.0228$,

(b) $P(y > 0.75) = P(x > +3) = 0.0013$,

(c) $P(0.70 < y < 0.74) = P(y < 0.74) - P(y < 0.70) = 0.9544$,

(d) $P(0.70 < y < 0.75) = P(y < 0.75) - P(y < 0.70) = 0.9759$,

(e) $P(y < 0.705) = P(x < -1.5) = 0.0645$.

Lösung 2.5: Konfidenzintervall bei Normalverteilung mit bekannter Varianz (siehe Definition 2.25):

$$K = \left[\hat{\mu} \pm u_{1-\alpha/2} \cdot \sigma \right]$$

$$= \left[5 \pm 1.96 \cdot \sqrt{2} \right]$$

$$= \left[2.23 ; 7.77 \right] \quad .$$

Lösung 2.6: Anwendung des Grenzwertsatzes von MOIVRE – LAPLACE (siehe Satz 2.26):

$$x := \frac{y - n \cdot P}{\sqrt{n \cdot P \cdot (1-P)}} = \frac{y - 30}{\sqrt{27}} \underset{\text{asymp.}}{\sim} N(0,1) \text{ , so daß}$$

$$P(y > 45) = 1 - P(y \leq 45) = 1 - P\left(x \leq \frac{45 - 30}{\sqrt{27}} \right) \approx 0.0019$$

10.2 LÖSUNGEN ZU KAPITEL 3

<u>Lösung 3.1</u>: Anwendung der Binomialverteilung (siehe Definition 2.14 und
Satz 2.15):

(a) $P = \frac{1}{15000}$, $N = 58\ 000\ 000$, $n = 580\ 000$,

$\sum\limits_{i=1}^{n} y_i \sim B(n,P)$ und damit

$E(\sum\limits_{i=1}^{n} y_i) = n \cdot P = 38.6667$,

$Var(\sum\limits_{i=1}^{n} y_i) = n \cdot P \cdot (1-P) = 38.6640$,

(b) $n = 2000$,

$P(\sum\limits_{i=1}^{n} y_i \geq 1) = 1 - P(\sum\limits_{i=1}^{n} y_i = 0) \approx 1 - 0.8752 = 0.1248$.

<u>Lösung 3.2</u>: Schätzer für die Merkmalssumme (siehe Satz 3.9):

$\hat{Y}. = N \cdot \bar{y}.$,

$Var\ \hat{Y}. = N^2 \cdot \frac{1}{n}(1 - \frac{n}{N}) \cdot S_Y^2$,

$\widehat{Var}\ \hat{Y}. = N^2 \cdot \frac{1}{n}(1 - \frac{n}{N}) \cdot s_y^2$.

<u>Lösung 3.3</u>: Auswahl mit Zufallszahlen; Schätzen im heterograden und
homograden Fall (siehe: Ziehungstechnik 3, Satz 3.9 und Folgerung
3.12):

(a) 163   62   141   711   21   746   649   56   614   78 ,

(b) Summenschätzer: $\hat{Y}. = N \cdot \bar{y}. = 525$,

    Anteilschätzer: $\hat{P} = \frac{m}{n} = 0.6$,

(c) geschätzte Standardabweichung

    (i) des Summenschätzers : $\sqrt{\widehat{Var}\ \hat{Y}.} = 249.57$,

    (ii) des Anteilschätzers : $\sqrt{\widehat{Var}\ \hat{P}} = 0.1622$.

Lösung 3.4: Schätzen im heterograden und homograden Fall; Konfidenzintervalle (siehe Satz 3.9, Folgerung 3.12 und Folgerung 3.14):

(a) Schätzer für Gesamtumsatz : $\hat{Y}. = 430000$

Varianzschätzer: $\widehat{Var}\ \hat{Y}. = 42.2022 \cdot 10^9$

(b) Schätzer für den durchschnittlichen Bierumsatz : $\bar{y}. = 430$

Varianzschätzer: $\widehat{Var}\ \bar{y}. = 42202.2$

(c) Schätzer für den Anteil warme Mahlzeiten anbietender Gaststätten: $\hat{P} = 0.5$

Standardabweichung: $\sqrt{\widehat{Var}\ \hat{P}} = 0.1658$

(d)

Schätzer	$(1-\alpha)$-Konfidenzintervall zum Niveau	
	0.90	0.95
$\hat{Y}.$	[92085.3 ; 767914.7]	[27353.8 ; 832646.2]
$\bar{y}.$	[92.0853 ; 767.9147]	[27.3538 ; 832.6462]
$\hat{P}$	[0.2273 ; 0.7727]	[0.1750 ; 0.8250]

Lösung 3.5: Erwartungswertberechnung bei modifizierten Auswahlverfahren

$$E\left(\hat{\bar{Y}}.^* \right) = Y_1 + Y_2 + Y_3 + (N-3) \cdot E(\bar{y}.^*)$$

$$= Y_1 + Y_2 + Y_3 + (N-3) \cdot \left\{ \sum_{j=4}^{N} Y_j \cdot \frac{1}{N-3} \right\}$$

$$= Y.$$

Lösung 3.6: Ermittlung des notwendigen Stichprobenumfangs im heterograden und homograden Fall (siehe Folgerung 3.16 und Folgerung 3.17):

(a) $(1-\alpha) = 0.95$, $r = 0.2$,

$\hat{\bar{Y}}. = 430$, $\hat{S}_Y = 653.0442$ (vgl. Lösung 3.4) ,

und damit $n_0 = 222$ und $n^* = 182$,

(b) $(1-\alpha) = 0.95$, $2d = 0.1$, $P = 0.6$,

und damit $n_0 = 369$ und $n^* = 270$.

Lösung 3.7: Ermittlung des notwendigen Stichprobenumfangs im homograden Fall (siehe Folgerung 3.17):

$(1-\alpha) = 0.95$, $2d = 0.1 \cdot P$,

(a) $P = 0.5$, dann ist $n_0 = 1537$,

(b) $P = 0.4$, dann ist $n_0 = 2305$,

(c) $P = 0.2$, dann ist $n_0 = 6147$.

Lösung 3.8: Schätzung im heterograden und homograden Fall, Konfidenz-intervalle und Ermittlung des notwendigen Stichprobenumfangs (siehe Satz 3.9, Folgerung 3.12, Folgerung 3.14 und Folgerung 3.16):

(a) $\bar{y}. = 3.5167$,

   $p = 0.25$,

(b) $\widehat{\text{Var}}\ \bar{y}. = 0.6496$, $\sqrt{\widehat{\text{Var}}\ \bar{y}.} = 0.8060$,

   $\widehat{\text{Var}}\ p = 0.0162$, $\sqrt{\widehat{\text{Var}}\ p} = 0.1273$,

(c) $K = [1.9368 ; 5.0966]$,

(d) $n_0 = 127$ und damit $n^* = 83$.

10.3 LÖSUNGEN ZU KAPITEL 4

Lösung 4.1: Schichtungseffekt, technische Realisierbarkeit (siehe Abschnitt 4.1):

Nr.	Schichtungseffekt	technische Realisierbarkeit
1	möglicherweise gut	schwer
2	sehr gut	unmöglich
3	gut	gut
4	gut	schwer
5	möglicherweise gut	gut
6	möglicherweise gut	schwer
7	möglicherweise gut	gut

Lösung 4.2: Schätzung im heterograden Fall, Auswahl mit Zurücklegen, einfache Zufallsauswahl (siehe Satz 4.3 und Satz 3.9):

(a) $\hat{\bar{Y}}.. = 21$, $\widehat{Var \, \hat{\bar{Y}}..} = 2.78$,

(b) $\bar{y}. = 25.67$, $\widehat{Var \, \bar{y}.} = 53.61$.

Lösung 4.3: Schätzung im heterograden Fall, Auswahl mit Zurücklegen, gleichmäßige, proportionale und optimale Aufteilung (siehe Satz 4.3 Definition 4.4, Definition 4.5, Folgerung 4.6, Satz 4.7 und Folgerung 4.8):

(a) $\hat{\bar{Y}}.. = 6.7$, $\widehat{Var \, \hat{\bar{Y}}..} = 0.3733$,

(b)   – proportionale Aufteilung: $\widehat{Var \, \hat{\bar{Y}}..} = \dfrac{2.8}{n}$,

      – optimale Aufteilung   : $\widehat{Var \, \hat{\bar{Y}}..} = \dfrac{2.2312}{n}$,

(c)   – gleichmäßige Aufteilung : $\widehat{Var \, \hat{\bar{Y}}..} = \dfrac{2.24}{n}$;

diese Aufteilung ist besser als die proportionale, da die Varianz der zweiten Schicht höher ist, und diese Aufteilung deshalb "nahe" der optimalen liegt.

<u>Lösung 4.4</u>: gleichmäßige, proportionale, optimale und kostenoptimale Aufteilung (siehe Satz 4.3, Definition 4.4, Definition 4.5, Folgerung 4.6, Satz 4.7 und Folgerung 4.8):

(a)   – gleichmäßige Aufteilung   : $n_h \equiv \dfrac{n}{3}$, h = 1,2,3 ,

$$\hat{Var} \; \hat{\bar{Y}}.. = \frac{16.69}{n} \; ,$$

(b)   – proportionale Aufteilung   : $n_1 = 0.50 \cdot n$,

$n_2 = 0.25 \cdot n$,

$n_3 = 0.25 \cdot n$,

$$\hat{Var} \; \hat{\bar{Y}}.. = \frac{13.25}{n} \; ,$$

(c)   – optimale Aufteilung   : $n_1 = 0.60 \cdot n$,

$n_2 = 0.15 \cdot n$,

$n_3 = 0.25 \cdot n$,

$$\hat{Var} \; \hat{\bar{Y}}.. = \frac{12.50}{n} \; ,$$

(d)   – kostenoptimale Aufteilung: $n_1 = 0.43 \cdot n$,

$n_2 = 0.15 \cdot n$,

$n_3 = 0.42 \cdot n$,

$$\hat{Var} \; \hat{\bar{Y}}.. = \frac{14.20}{n} \; .$$

<u>Lösung 4.5</u>: Schätzung im heterograden und homogenen Fall, optimale Aufteilung für verschiedene Merkmale (siehe Satz 4.3 und Satz 4.7):

(a) $\hat{P} = 0.23$, $\hat{\bar{Y}}.. = 46.10$,

(b)   – optimale Aufteilung zur Anteilschätzung   : $n_1 = 0.24 \cdot n$,

$n_2 = 0.44 \cdot n$,

$n_3 = 0.32 \cdot n$,

– optimale Aufteilung zur Mittelwertschätzung : $n_1 = 0.21 \cdot n$,

$n_2 = 0.50 \cdot n$,

$n_3 = 0.29 \cdot n$,

d.h. für verschiedene Merkmale erhält man unterschiedliche Aufteilungen.

Lösung 4.6: Schätzung im heterograden und homograden Fall, optimale
Aufteilung (siehe Satz 4.3 und Satz 4.7):

(a) $\hat{Y}.. = N \cdot \hat{\bar{Y}}.. = 65\ 400$, $\hat{P} = 0.52$,

(b) $\widehat{Var\ \hat{Y}..} = N^2 \cdot \widehat{Var\ \hat{\bar{Y}}..} = 1\ 409\ 986.667$,

$\sqrt{\widehat{Var\ \hat{Y}..}} = 1\ 187.43$,

(c) $n_1 = 0.42 \cdot n$,
$n_2 = 0.39 \cdot n$,
$n_3 = 0.03 \cdot n$,
$n_4 = 0.16 \cdot n$.

Lösung 4.7: Schätzung im heterograden Fall und Aufteilung der Auswahl,
einfache Zufallsauswahl (siehe Satz 4.9 und Satz 3.9):

(a) $\hat{\bar{Y}}.. = 177.717$, $\hat{P} = 0.421$,

(b) $\widehat{Var\ \hat{\bar{Y}}..} = 6.216$, $Var\ \hat{P} = 0.0198$,

(c)

	einfache Zufallsauswahl	nachträgliche Aufteilung
Mittelwertschätzer	177.3340	177.7170
Varianzschätzer	6.6500	6.2160
Anteilschätzer	0.4167	0.4210
Varianzschätzer	0.0221	0.0198

10.4 LÖSUNGEN ZU KAPITEL 5

<u>Lösung 5.1</u>: Schätzung im homograden Fall bei einstufiger Klumpenauswahl mit Klumpen gleicher Größe (siehe Definition 5.1 und Satz 5.3):

$$\hat{P} = \hat{\bar{Y}}.. = \frac{1}{M \cdot k} \sum_{i=1}^{k} Y_i = \frac{Anzahl"1"}{M \cdot k} \quad ,$$

$$Var \; \hat{P} = \frac{1}{M \cdot k} \left(\frac{M \cdot K - M \cdot k}{M \cdot K - 1} \right) \cdot P \cdot (1-P) \cdot (1 + (M-1) \cdot \rho_w) \quad .$$

<u>Lösung 5.2</u>: Intraklass-Korrelationskoeffizient bei einstufiger Klumpenauswahl mit Klumpen gleicher Größe (siehe Satz 5.3 und Definition 5.4):

(a) $\quad \rho_w = -0.4998 \quad ,$

(b) $Var \; \hat{\bar{Y}}.. = 0.001786 \quad .$

<u>Lösung 5.3</u>: Intraklass-Korrelationskoeffizient bei einstufiger Klumpenauswahl mit Klumpen gleicher Größe; Vergleich zur einfachen Zufallsauswahl (siehe Satz 5.3, Definition 5.4 und Satz 3.9):

(a) relative Effizienz: $\quad \dfrac{Var_{einf.Zuf.} \bar{y}.}{Var_{Klumpen} \hat{\bar{Y}}..} \cdot 100 = M \cdot \dfrac{S_Y^2}{S_c^2} \cdot 100$

M	1	4	16	36	64
rel. Effizienz	100	46.66	17.29	8.69	5.43

(b) $\rho_w = \dfrac{1}{M-1} \cdot \left(\dfrac{Var \; \hat{\bar{Y}}..}{Var \; \bar{y}.} - 1 \right)$

M	1	4	16	36	64
ρ_w	—	0.3810	0.3054	0.3002	0.2764

Lösung 5.4: Schätzung im homograden Fall bei einstufiger Klumpenauswahl mit Klumpen gleicher Größe (siehe Satz 5.3 und Aufgabe 5.1):

$$K = 1000 , \quad M = 20 , \quad N = K \cdot M = 20000 ,$$

$$k = 10 , \quad M = 20 , \quad n = k \cdot M = 200 ,$$

$$\hat{P} = \frac{1}{M \cdot k} \sum_{i=1}^{k} Y_i = \frac{1}{200} \cdot 8 = 0.04 .$$

Lösung 5.5: Verschiedene Schätzungen im heterograden Fall bei einstufiger Klumpenauswahl mit Klumpen unterschiedlicher Größe (siehe Satz 5.6):

$$N = 5000 , \quad K = 1600 , \quad k = 20 ,$$

(a) $\hat{\bar{Y}}_{..(a)} = \dfrac{K}{N \cdot k} \sum_{i=1}^{k} Y_i. = 22.08 ,$

(b) $\hat{\bar{Y}}_{..(b)} = \dfrac{1}{k} \sum_{i=1}^{k} \bar{Y}_i. = 34.00 ,$

(c) $\hat{\bar{Y}}_{..(c)} = \dfrac{1}{\sum\limits_{i=1}^{k} M_i} \cdot \sum_{i=1}^{k} Y_i. = 23.79 .$

Lösung 5.6: Schätzung im heterograden un homograden Fall bei zweistufiger Klumpenauswahl mit Klumpen unterschiedlicher Größe (siehe Satz 5.7):

$$N = 120000 , \quad K = 1000 , \quad k = 10 , \quad m_i = m = 5 ,$$

(a) $\hat{\bar{Y}}.. = \dfrac{1}{N} \cdot \dfrac{K}{k} \sum_{i-1}^{k} \dfrac{M_i}{m} \sum_{j-1}^{m} y_{ij} = 5.2417 ,$

(b) $\hat{P} = 0.3017 .$

10.5 LÖSUNGEN ZU KAPITEL 9

Lösung 9.1:

Es existieren $\binom{N}{n}$ mögliche Stichproben.

Lösung 9.2:

Eine einfache Zufallsauswahl liegt vor, wenn alle $\binom{N}{n}$ möglichen Stichproben gleich wahrscheinlich sind.

Lösung 9.3:

Die auszuwählenden Einheiten lauten 357, 2330, 1542, 2718 und 901.

Lösung 9.4:

Es liegt kein Schwedenschlüssel vor, da z.B. in Spalte 8 keine gleichverteilten Zufallszahlen aus $\{1,\dots,8\}$ stehen.

Lösung 9.5:

Der Schätzer für P_1 ist genauer, denn $CV(\hat{P}_1) < CV(\hat{P}_2)$.

Lösung 9.6:

$$
\begin{aligned}
K &= \left[\bar{y}. \pm u_{1-\alpha/2} \cdot \sqrt{\frac{1}{n}(1-f)\cdot s_y^2} \right] \\
&= \left[15 \pm 2 \cdot \sqrt{\frac{1}{100}\cdot 0.81 \cdot 25} \right] \\
&= \left[14.1 \; ; \; 15.9 \right]
\end{aligned}
$$

Lösung 9.7:

Geschichtete Zufallsauswahlen sind technisch einfacher zu realisieren
und führen im allgemeinen zu einer geringeren Varianz des Mittelwertschätzers.

Lösung 9.8:
Schichten sollten in sich homogen und untereinander heterogen sein.

Lösung 9.9:
Der Schichtungseffekt hängt ab vom Auswahlverfahren in den Schichten, von der Schichtungsvariablen, von den Schichtgrenzen, von der Aufteilung des Stichprobenumfangs auf die Schichten und von der Anzahl der Schichten.

Lösung 9.10:
Da der (ungewichtete) Stichprobenmittelwert ein erwartungstreuer Schätzer für $\bar{Y}..$ ist, wird die proportionale Aufteilung auch als selbstgewichtend bezeichnet.

Lösung 9.11:
Gegen die optimale Aufteilung spricht, daß in die Berechnung von n_h^* die unbekannten Größen S_h^2 eingehen und, daß $n_h^* \notin \mathbb{N}$ sowie $n_h > N_h$ möglich ist, $h = 1, \ldots, L$.

Lösung 9.12:
Klumpen sollten in sich heterogen und untereinander homogen sein.

Lösung 9.13:
Eine einstufige Bevölkerungsstichprobe mit Gemeinden als Auswahleinheiten ist nicht zu empfehlen, denn damit ist der Stichprobenumfang nicht kontrollierbar.

Lösung 9.14:
Ein gewöhnlicher Korrelationskoeffizient mißt einen linearen Zusammenhang von zwei Merkmalen, und es gilt $-1 \leq \rho(y_1, y_2) \leq +1$. Der Intraklass-Korrelationkoeffizient mißt dagegen den Zusammenhang zwischen den Merkmalen innerhalb eines Klumpens, wobei $-\frac{1}{M-1} \leq \rho_w \leq +1$ gilt.

Lösung 9.15:
Die Klumpenauswahl ist hier vorzuziehen, da diese praktikabler ist und mit $\rho_w = 0$ Klumpen- und einfache Zufallsauswahl von gleicher Genauigkeit sind.

Anhang

Nachfolgend findet man eine, von den Teilnehmern und Teilnehmerinnen einer Vorlesung an einer deutschen Hochschule angefertigte Liste mit den Untersuchungsmerkmalen

▮ Geschlecht (m/w),

▮ Körpergröße (in cm),

▮ Jeansträger (ja/nein) und

▮ Hamburger-Esser (ja/nein).

Aus dieser Grundgesamtheit mit N = 63 Untersuchungseinheiten wurde eine einfache Zufallsstichprobe vom Umfang n = 10 entnommen. Die in die Stichprobe gelangten Untersuchungseinheiten sind mit $\longrightarrow$ markiert.

lfd.Nr.	Geschlecht m/w	Körpergröße in cm	Jeansträger am Erhebungstag (ja/nein)	leidenschaftliche Hamburger-Esser ? (ja/nein)
1	m	186	j	n
2	m	180	n	n
3	m	175	n	n
4	w	172	j	n
5	w	182	j	n
6	w	170	j	n
7	m	178	j	n
8	m	176	j	n
9	m	187	j	j
10	w	168	n	n
11	w	168	j	n
12	w	176	j	n
13	w	169	n	n
14	w	164	j	n
15	w	170	n	j
16	m	189	j	n
17	m	178	j	n
18	m	180	n	n
19	m	175	n	n
20	m	190	j	n
21	w	165	j	n
22	m	184	n	j
23	m	170	n	n
24	m	186	j	n
25	m	180	j	n
26	w	174	j	n
27	m	188	j	n
28	m	161	j	n
29	m	190	j	n
30	m	173	j	n
31	m	191	j	n
32	w	168		n

lfd.Nr.	Geschlecht m/w	Körpergröße in cm	Jeansträger am Erhebungstag (ja/nein)	leidenschaftliche Hamburger-Esser ? (ja/nein)
33	m	180	j	n
34	w	166	n	n
35	w	179	j	n
36	w	167	n	n
37	m	180	n	n
38	m	170	j	n
39	m	185	j	j
40	m	178	j	n
41	m	169	j	n
42	m	193	j	n
43	m	175	j	n
44	w	168	j	n
45	w	168	n	n
46	w	171	n	n
47	w	160	n	j
48	w	167	n	n
49	m	180	j	n
50	m	186	j	n
51	m	183	j	n
52	m	186	j	n
53	m	185	j	j
54	m	188	n	n
55	m	188	j	n
56	m	179	n	n
57	w	166	j	n
58	m	186	n	n
59	m	183	j	n
60	m	178	j	n
61	w	160	j	n
62	w	180	n	n
63	w	165	j	n

TABELLEN

Tab. B 1   Gleichverteilte Zufallszahlen

```
16306 21417 11021 78499 17466 49767 05661 40786 57832 85454 27504 59472 40029
74442 41284 63927 25310 85664 61316 43388 26151 21941 54740 23158 20997 90044
61695 06715 55820 61639 71878 61647 95685 84224 51113 55591 26313 42061 17906
42173 05639 67119 70012 96940 65378 00010 60999 03300 62587 00924 26804 88462
81229 10571 62302 09370 83731 61114 47866 88642 12551 37111 25930 00508 41738

86448 27548 06746 78496 81279 48964 42620 14746 28963 78167 52819 28686 33002
71457 77393 36360 03979 80008 87689 93212 20493 26428 72294 45656 40098 31325
72966 32633 60242 89866 70574 37177 29202 98341 21038 87976 07023 30728 41263
10935 76454 65249 45078 30737 03889 60941 29174 22410 50300 84209 09039 12883
32176 85399 04899 32554 32464 25351 77653 16848 61501 51967 14813 57784 67955

26773 66437 05533 99762 01477 31072 19987 15062 44540 91686 72312 43138 17731
01612 96519 95353 02691 20479 91023 26089 77497 00153 70205 43681 43227 20674
65977 71357 00516 76193 79339 58177 76124 10911 81950 39965 99495 05014 67683
50255 29322 10612 54191 81218 30109 37677 34467 94609 98732 89979 78413 82700
41004 51025 84392 79217 98234 19996 80801 20279 23794 97684 77626 55335 09676

22429 68008 08102 63060 56059 79805 87501 32874 19824 77155 48598 86356 80336
12037 03536 35615 85508 25833 82478 14199 50485 00895 44541 03653 93590 62101
38734 10080 22254 28424 14898 90710 68960 14487 84639 30456 77175 82134 32270
68480 37291 41987 75747 74753 72559 05008 77603 76621 75033 84067 05893 35366
91500 45496 45122 72765 59422 10660 57193 47658 92872 07514 92335 82508 18473

72169 50047 39963 61332 00452 90031 49419 80981 49467 93133 83582 57315 89164
72279 85032 26525 03893 33411 42784 67040 43975 86429 18851 35463 27257 06124
24808 52507 90679 43116 48351 38936 91836 84794 29863 01497 60538 66252 88973
68864 00377 31225 01123 77571 40283 43031 24127 07951 36095 45503 74735 70073
22114 73931 55194 39681 12674 15995 29812 44128 53699 22708 51520 98318 24268

69348 38436 90640 88176 66401 00424 18909 95497 20492 15659 76298 34149 45330
57190 87281 31453 22638 69500 93568 05695 13095 95073 90044 67693 17276 50950
10702 72356 86580 55296 64587 20247 84179 03964 21730 09145 95948 97052 49083
35610 91403 15470 96463 46542 34643 47500 32483 40748 45283 65361 30494 20498
09392 51770 04522 93095 40434 76504 95200 22431 90202 22961 05714 30553 09756

64728 87734 49227 60361 92139 77356 21495 74427 88837 81035 53244 66440 58339
11526 14761 93907 00599 73820 92305 68289 38567 01082 89660 15939 94755 40589
79704 89041 17796 89665 05969 26546 59010 81623 34204 65110 98966 21697 53936
00031 24042 72983 30035 96189 52989 92378 04275 48980 13495 16514 46897 95256
68745 97695 58171 74260 93984 89839 19958 38567 03081 84411 97276 15019 25091

96364 89856 15662 30815 00073 33712 98686 08366 15277 52697 79359 94731 43009
60070 90971 42331 51545 10055 95761 55585 12328 99408 45866 62473 85918 18974
94249 42099 57920 55254 55644 01251 24927 41966 17487 00966 30455 61605 00859
33090 50883 97011 71419 46845 31388 32927 00347 25387 71881 07561 75273 12368
62951 14153 61224 88503 71795 52532 11555 98130 78160 30685 28888 25773 60279

16313 76053 22701 30811 38397 37019 83496 22773 38759 27838 72614 25482 73628
57577 00944 70492 65195 39261 52375 67532 03186 50804 60355 90438 96415 45951
34457 13100 74351 15222 36937 95391 38680 96829 09301 19109 64868 37636 48865
73913 53722 04084 35318 93261 32953 43131 07285 40347 08740 93193 88888 44039
67290 45074 66311 84817 24603 52913 14359 30710 37032 95114 73025 23230 34848
```

Tab. B 1 Fortsetzung

85284	74047	13318	41800	33178	17478	47273	17680	55626	98239	02693	61685	37477
82690	74413	63976	42538	35188	10443	07245	74504	94651	97901	18277	87904	01119
98957	69510	49031	72317	36766	30597	46887	30221	31408	69974	54113	77616	85822
06416	37932	24658	21748	10604	21084	65441	65661	56684	92765	04557	84710	23833
69562	33657	72657	47820	06394	58017	85811	22565	57445	73096	28967	51710	87106
91104	91346	50171	30911	17560	32528	95711	06472	77856	18393	30492	74421	93818
07057	12646	49343	10275	84811	17835	60717	71610	52055	90811	63851	48335	59240
46980	00822	13643	92802	23967	11410	69977	11102	83173	94040	25592	30360	61344
16715	21114	60598	72129	77956	06104	91572	57644	17741	65623	28714	90033	78437
96792	79064	23033	15746	35354	87213	93536	59632	32238	21240	72150	25268	80122
08643	69761	73969	89994	2287	79099	24128	17714	16332	86298	12158	40579	12175
17457	03426	83884	34387	41206	53192	97483	96651	20266	17545	82355	37699	13013
14343	67163	07248	25039	34149	34819	01940	10716	01166	99045	51278	24757	84181
30937	53562	23779	57496	35525	61832	17868	11869	78338	19800	72138	15450	61965
47787	58293	24719	52620	78667	56194	45425	56699	43798	05417	43520	47350	08961
06819	06101	41028	60301	74097	52343	24064	40259	35354	94439	29222	33515	84658
48537	62266	02920	83608	95679	78519	75440	12893	92736	09429	78085	73858	33346
39128	23856	40064	58852	30996	47674	58852	19242	04224	92325	02903	84082	60376
44391	71804	03455	59952	20191	43608	18900	48950	01718	76398	24349	35427	22577
59849	77064	16065	03922	16788	58574	52730	40391	54762	85613	99038	36049	67595
71058	76914	90319	86954	34867	03155	33925	83909	65013	65997	14828	20499	28426
51671	34161	51290	31928	20969	32170	74941	33173	35808	24147	35765	01579	35788
86373	75292	29271	64758	92053	33831	92018	47379	97251	02032	60166	15683	76832
22453	59581	85638	10397	41113	82584	83710	18219	09065	48886	23428	47185	33951
16531	31939	06728	81570	42829	26581	54770	27435	95296	41437	33656	58340	12590
03901	56091	23920	15450	61239	41080	38214	67630	57155	99865	31230	86842	58349
71860	50503	05690	31083	10592	12660	82607	67741	19635	04984	62793	63393	38552
36972	89156	42356	78827	41903	63244	34760	09807	28396	56185	03106	94638	81976
69627	18830	76201	16633	46670	88869	13053	76387	32810	32217	65359	86850	86869
06493	30836	56788	41940	84502	30685	29685	16319	80796	45534	85302	74447	28238
01368	91244	37842	04564	05474	04519	46041	08945	32375	23102	67537	88550	59766
87497	60714	15110	54455	32301	84787	11478	08299	87765	60738	28192	24141	31355
82256	70039	51746	89319	76669	72617	73742	88244	15888	28895	41557	56624	77341
65780	61354	76418	54910	70675	29969	84615	19871	68044	20850	24795	31829	45976
19995	48694	99657	32743	11886	67763	92433	23366	15431	54733	00378	56177	69899
95177	45793	39381	70857	89073	43995	27617	56108	02363	14259	48524	41630	68521
40750	79301	07511	40113	83464	73269	33890	90358	39164	36436	86890	64690	52321
54058	54560	82327	76044	67200	32807	87825	83025	99302	61341	52646	26473	32737
09605	26718	51032	33379	12717	39998	53019	37161	57408	51037	95160	56638	17955
63537	59730	77554	42122	47919	67387	75396	87099	72882	34134	93967	05435	41970
83053	71939	80978	98126	05243	19421	14814	75265	70759	44521	61201	99827	89548
29905	13509	42347	22387	59365	40157	19012	41822	94376	70551	43229	43101	00662
31018	27179	89231	05048	48788	78405	45815	18783	80825	20613	44729	68466	07566
65909	25184	65144	76402	84931	43137	04287	46000	19465	47858	51725	37871	93372
43611	72340	15275	18950	88417	29021	50683	22519	75947	46190	15679	17748	91075

Bezüglich des Umganges mit Zufallszahlen sei auf Abschnitt 3.1 verwiesen.

Tab. B 2   Quantile u_γ der Standardnormalverteilung N (0, 1)

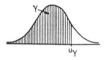

γ	u_γ	γ	u_γ	γ	u_γ	γ	u_γ
0,9999	3,7190	0,9975	2,8070	0,965	1,8119	0,83	0,9542
0,9998	3,5401	0,9970	2,7478	0,960	1,7507	0,82	0,9154
0,9997	3,4316	0,9965	2,6968	0,955	1,6954	0,81	0,8779
0,9996	3,3528	0,9960	2,6521	0,950	1,6449	0,80	0,8416
0,9995	3,2905	0,9955	2,6121	0,945	1,5982	0,79	0,8064
0,9994	3,2389	0,9950	2,5758	0,940	1,5548	0,78	0,7722
0,9993	3,1947	0,9945	2,5427	0,935	1,5141	0,76	0,7063
0,9992	3,1559	0,9940	2,5121	0,930	1,4758	0,74	0,6433
0,9991	3,1214	0,9935	2,4838	0,925	1,4395	0,72	0,5828
0,9990	3,0902	0,9930	2,4573	0,920	1,4051	0,70	0,5244
0,9989	3,0618	0,9925	2,4324	0,915	1,3722	0,68	0,4677
0,9988	3,0357	0,9920	2,4089	0,910	1,3408	0,66	0,4125
0,9987	3,0115	0,9915	2,3867	0,905	1,3106	0,64	0,3585
0,9986	2,9889	0,9910	2,3656	0,900	1,2816	0,62	0,3055
0,9985	2,9677	0,9905	2,3455	0,890	1,2265	0,60	0,2533
0,9984	2,9478	0,9900	2,3263	0,880	1,1750	0,58	0,2019
0,9983	2,9290	0,9850	2,1701	0,870	1,1264	0,56	0,1510
0,9982	2,9112	0,9800	2,0537	0,860	1,0803	0,54	0,1004
0,9981	2,8943	0,9750	1,9600	0,850	1,0364	0,52	0,0502
0,9980	2,8782	0,9700	1,8808	0,840	0,9945	0,50	0,0000

zu Tab. B 2

Ablesebeispiel: $u_{0,95} = 1,6449$

Erweiterung der Tafel: $u_{1-\gamma} = -u_\gamma$

Approximation nach Hastings für $0,5 < \gamma < 1$:

$$u_\gamma \simeq t - \frac{a_0 + a_1 t + a_2 t^2}{1 + b_1 t + b_2 t^2 + b_3 t^3} \quad \text{mit} \quad t = \sqrt{-2\ln(1-\gamma)},$$

$a_0 = 2,515517,\quad a_1 = 0,802853,\quad a_2 = 0,010328,$

$b_1 = 1,432788,\quad b_2 = 0,189269,\quad b_3 = 0,001308.$

Literaturverzeichnis

ARBEITSGEMEINSCHAFT MEDIA-ANALYSE/Hrsgb.(1981): *MA81 - Berichtsband der Media-Analyse 1981*. Frankfurt a.M., Eigenverlag

BECK,U.P.(1964): Über den Unterschied zwischen Quotenverfahren und bewußter Auswahl. *Der Marktforscher 8, Marktforschung im Unternehmen*, 2-6

BILLETER,E.P.(1970): *Grundlagen der repräsentativen Statistik*. Springer, Wien/New York

BÖLTKEN,F.(1976): *Auswahlverfahren*. Teubner, Stuttgart

BREWER,K.R.W. / HANIF,M.(1983): *Sampling With Unequal Probabilities*. Springer, New York

COCHRAN,W.G.(1972): *Stichprobenverfahren*. de Gruyter, Berlin/New York

COCHRAN,W.G.(1977): *Sampling Techniques, 3rd ed*. Wiley, New York

DEMING,W.E.(1960): *Sample Design in Business Research*. Wiley, New York /London

DREXL,A.(1982): *Geschichtete Stichprobenverfahren*. Verlagsgruppe Athenäum/Hain/Scripto/Hanstein, Königstein/Ts.

ELPELT,B. / HARTUNG,J.(1987): *Grundkurs Statistik*. Oldenbourg, München

ESENWEIN-ROTHE,I.(1976): *Die Methoden der Wirtschaftsstatistik, Band 1*. Vandenhoek & Ruprecht, Göttingen

FLOCKENHAUS,K.F.(1974). Ausgewählte Probleme der Stichprobenbildung in der demoskopischen Marktforschung. In: BEHRENS,K.CHR./Hrsgb.: *Handbuch der Marktforschung, 173-206*, Gabler, Wiesbaden

GRUBER,J. / SCHACH,S.(1984): *Stichprobenverfahren*. Kursmaterial, Fernuniversität Hagen

HAJEK,J.(1960): Limiting distributions in simple random sampling from a finite population. *Publications of the Mathematical Institute of the Hungarian Academy of Sciences* 5, 361–374

HAJEK,J.(1981): *Sampling from a Finite Population*. Dekker, New York /Basel

HANSEN,M.H. / HURWITZ,W.N. / MADOW,W.G.(1953): *Sample Survey Methods and Theory, Vol. 1 : Methods and Applications,*
            Vol. 2 : Theory.
Wiley, New York

HARTUNG,J. / ELPELT,B. / KLÖSENER, K.-H.(1986): *Statistik – Lehr- und Handbuch der angewandten Statistik, 6. Aufl.* Oldenbourg, München /Wien

HARTUNG,J. / HEINE,B.(1987): *Statistik Übungen – Induktive Statistik.* Oldenbourg, München/Wien

HAUSER,S.(1979): *Daten, Datenanalyse und Datenbeschaffung in den Wirtschaftswissenschaften.* Hain, Königstein/Ts.

HORVITZ,D.G. / THOMPSON,D.J.(1952): A Generalisation of Sampling Without Replacement from a Finite Universe. *Journal of the American Statistical Association* 47, 663–685

JESSEN,R.J.(1978): *Statistical Survey Techniques.* Wiley, New York

KISH,L.(1965): *Survey Sampling.* Wiley, New York

KÖNIG,R./Hrsgb.(1972): *Das Interview, 7. Aufl.* Kiepenheuer & Witsch, Köln

KÖNIG,R./Hrsgb.(1973/74): *Handbuch der empirischen Sozialforschung, Band 1 – 4, 3. Aufl.* Enke, Stuttgart.

KONIJN,H.S.(1973): *Statistical Theory of Sample Survey Design and Analysis.* North-Holland, Amsterdam

KREIENBROCK,L.(1986a): Zur Auswirkung von Endlichkeitskorrekturen bei der Analyse einfacher Zufallsstichproben. *Statistische Hefte* 27, 23–35

KREIENBROCK,L.(1986b): Zur Stichprobenerhebung multivariater Daten und ihrer Auswirkung auf die statistische Analyse. *EDV in Medizin und Biologie* <u>17</u>, *103-107*

KREIENBROCK,L.(1987): *Einfache und geschichtete Zufallsauswahl aus endlichen Grundgesamtheiten bei multivariaten Beobachtungen.* Dissertation, Fachbereich Statistik, Universität Dortmund

LEINER,B.(1985): *Stichprobentheorie - Grundlagen, Theorie und Technik.* Oldenbourg, München

MADOW,W.G. / NISSELSON,H. / OLKIN,I. /ed.(1983): *Incomplete Data in Sample Surveys, Vol. 1: Report and Case Studies,*
    Vol. 2: Theory and Bibliographies,
    Vol. 3: Proceedings of the Symposium.
Academic Press, New York

MENDENHALL,W. / OTT,L. / SCHAEFFER,R.L.(1971): *Elementary Survey Sampling.* Wadsworth, Belmont

MENGES,G. / SKALA,J.(1973): *Grundriβ der Statistik - Teil 2 : Daten.* Westdeutscher Verlag, Opladen

MÜLLER,J.(1979): Beurteilungsstichproben in der Investitionsgütermarktforschung. *Marktforschung* <u>23</u>, *114-117*

MURTHY,M.N.(1967): *Sampling Theory and Methods.* Statistical Publishing Society, Calcutta

NOELLE,E.(1963): *Umfragen in der Massengesellschaft.* Rowohlt, Reinbeck

RAJ,D.(1968): *Sampling Theory.* Mc Graw-Hill, New York

SCHACH,S. / SCHACH,E.(1978): Pseudoauswahlverfahren bei Personengesamtheiten 1: Namensstichproben. *Allgemeines Statistisches Archiv* <u>62</u>, *379-396*

SCHACH,S. / SCHACH,E.(1979): Pseudoauswahlverfahren bei Personengesamtheiten II: Geburtstagsstichproben. *Allgemeines Statistisches Archiv* <u>63</u>, *108-122*

SCHÄFER,F.(1979): *Muster-Stichproben-Pläne für Bevölkerungsstichproben in der BRD und West-Berlin.* Moderne Industrie, München

SCHMIDTCHEN,G.(1961): Die repräsentative Quotenauswahl. *Allgemeines Statistisches Archiv 45, 375ff*

SCHWARZ,H.(1975): *Stichprobenverfahren*. Oldenbourg, München

SEBER,G.A.F.(1982): *Estimation of Animal Abundances and Related Parameters*. Griffin, London

STATISTISCHES BUNDESAMT/Hrsgb.(1960): *Stichproben in der amtlichen Statistik*. Kohlhammer, Stuttgart

STENGER,H.(1971): *Stichprobentheorie*. Physica, Würzburg

STENGER,H.(1986): *Stichproben*. Physica, Heidelberg/Wien

STOLP,P.(1961): Der Streit um die "Stichprobe". *Der Marktforscher 5, 184-186*

STRECKER,H. / WIEGERT,R. / PEETERS,J. / KAFKA,K.(1983): *Messung der Antwortvariabilität auf Grund von Erhebungsmodellen mit Wiederholungszählungen*. Angewandte Statistik und Ökonometrie, Heft 25, Vandenhoeck & Ruprecht, Göttingen

SOM,R.K.(1973): *A Manual of Sampling Techniques*. Heinemann, London

SUDMAN,S.(1966): Probability sampling with quotas. *Journal of the American Statistical Association 61, 749-771*

SUDMAN,S.(1976): *Applied Sampling*. Academic Press, New York

SUKHATME,P.V. / SUKHATME,B.V.(1970): *Sampling Theory of Surveys with Applications, 2nd ed*. Iowa State University Press, Ames, Iowa

WENDT,F.(1960): Wann wird das Quotenverfahren begraben ? *Allgemeines Statistisches Archiv 44, 35-40*

WETTSCHURECK,G.(1974): Grundlagen der Stichprobenbildung in der demoskopischen Marktforschung. In : BEHRENS,K.CHR./Hrsgb. : *Handbuch der Marktforschung, 173-206*, Gabler, Wiesbaden

WIENHOLD,P.(1982): Der ASO17-Algorithmus: Ein Verfahren zur approximativen simultanen Optimierung der Schichtenbildung in Lagerkollektiven. *Allgemeines Statistisches Archiv 66, 274-288*

WOLTER,K.M.(1985): *Introduction to Variance Estimation*. Springer, New York/Berlin

Sach- und Namensverzeichnis